城市地下空间
设计体系与开发利用管理

住房和城乡建设部科技与产业化发展中心
（住房和城乡建设部住宅产业化促进中心）
高　真　主　编
刘戴维　柳博会　路　珊　李　志　副主编

中国建筑工业出版社

图书在版编目（CIP）数据

城市地下空间设计体系与开发利用管理 / 住房和城乡建设部科技与产业化发展中心（住房和城乡建设部住宅产业化促进中心），高真主编．—北京：中国建筑工业出版社，2021.8（2023.1重印）

ISBN 978-7-112-26214-4

Ⅰ.①城… Ⅱ.①住… ②高… Ⅲ.①城市空间—地下建筑物—建筑设计—研究②城市空间—地下工程—空间利用—研究 Ⅳ.①TU9

中国版本图书馆CIP数据核字（2021）第108163号

本书研究内容来源于住房和城乡建设部2017年度科学技术计划项目、北京建筑大学未来城市设计高精尖创新中心开放课题（重大课题）项目“城市地下空间设计方法与开发利用管理制度研究”。目的在于探讨城市地下空间的开发利用方式。梳理地下公共空间、地下管廊和其他市政基础设施的关系，借鉴国外先进的城市地下空间设计经验，对比国内地下空间利用的问题和不足，建立统一协调的地下空间设计方法和相应管理制度。研究内容主要包括：国内外城市地下空间设计与开发利用管理现状、城市地下空间设计研究和地下空间开发利用管理制度研究三个方面。

责任编辑：封　毅　毕凤鸣

责任校对：李美娜

城市地下空间设计体系与开发利用管理

住房和城乡建设部科技与产业化发展中心（住房和城乡建设部住宅产业化促进中心）

高　真　主编

刘戴维　柳博会　路　珊　李　志　副主编

*

中国建筑工业出版社出版、发行（北京海淀三里河路9号）

各地新华书店、建筑书店经销

逸品书装设计制版

北京中科印刷有限公司印刷

*

开本：787毫米×1092毫米　1/16　印张：10½　字数：182千字

2021年8月第一版　2023年1月第三次印刷

定价：**46.00**元

ISBN 978-7-112-26214-4

（37715）

编 委 会

序

合理开发利用地下空间是优化城市空间结构和管理格局，破解“大城市病”，提高城市综合承载能力的重要举措，对于缓解我国城市土地资源紧张、拓展城市空间、疏解交通压力、改善城市环境、提高城市综合承载能力，建设宜居城市方面有着不可替代的作用。

“时代是思想之母，实践是理论之源”。本书成稿于城乡建设高质量发展的新阶段，着眼于贯彻落实新发展理念，特别是习近平生态文明思想，致力于构建城市发展新格局，以地下空间综合利用实地调研为坚实基础，对城市空间开发利用的创新发展开展了深入研究。合理开发利用城市地下空间，推动我国城市地下空间科学、合理、有序发展，推进形成绿色空间格局，对于解决城市发展中的资源矛盾，改善民生和创新社会治理方式将起到重要的作用。

编写组在我国地下空间开发利用迎来新的历史机遇之际，重新梳理人类百余年地下空间开发利用经验，站在时代的前端和技术的前沿，以国家空间资源开发利用的视角，对地下空间发展进行了一次深入的探讨和研究。本书对于我国地下空间规划设计、运营管理以及信息化制度的形成，提供了有力的理论支撑，也是对我国空间权法律体系建立的思考和推进。

衷心希望我国地下空间设计体系与开发利用管理，在新的历史条件下，与时俱进，不断补充和完善，逐步建立适合我国长期发展的地下空间开发利用管理体系。

钱七虎

二〇二一·六·廿五

前言

城市地下空间是宝贵的自然资源。大力开发和合理利用城市地下空间资源是扩充城市空间容量、调节城市土地利用强度分布、使城市空间资源配置有序化的重要手段，也是确保城市可持续发展、解决和缓解城市发展与空间资源矛盾的重要途径之一。“十二五”时期，我国城市地下空间建设量显著增长，年均增速达到20%以上，约60%的现状地下空间为“十二五”时期建设完成[①]。据不完全统计，地下空间与同期地面建筑竣工面积的比例从约10%增长到15%；借鉴国外成熟城市地下空间开发利用经验，未来城市地下空间与地面建筑的开发比例将达到30%～50%，需求动力充足，增长空间巨大。截至目前，一批优秀的地下空间项目涌现，地下空间设计方法不断完善创新，单体地下空间开发项目的水平从质和量上都得到了一定程度的提升。

然而，在地下空间发展速度和质量提升的同时，相关的问题也逐渐显露。各地下空间开发项目各自为政、缺乏有效的统筹和贯通，从而丧失了地下空间完整连续的优势；地下空间竖向开发缺乏分层规划，难以对中层和深层空间资源进行合理利用，从而造成了地下空间竖向维度的浪费；地下空间近期和远期规划衔接不畅，从而阻碍了空间的持续利用；地下空间功能和类型仅为地表的复制，加大了工程投入的同时并未充分体现地下空间的优势和特点。

地下空间开发利用不同于传统的地表空间开发，地下空间连续贯通、

① 《城市地下空间开发利用“十三五”规划》住房和城乡建设部（2016年5月）。

具有竖向空间结构和物理环境较为稳定的特点，都为解决我国城市发展遇到的瓶颈问题提供了多样的可能性。同时，地下空间开发投入大、回收周期长、工程不可逆等特点，也使各城市地下空间开发利用滞后于地表开发，提供了后发优势。在地下空间即将大规模开发利用的当下，如何有效地扬长避短，充分体现地下空间在解决城市发展问题中的优势，成为每个城市目前面临的急迫问题。当下的城市地下空间开发大多局限于单体建筑项目结建地下空间容积率指标，使得地下空间成为传统地表建筑空间的重复和复制。而整合地下空间资源，最大限度地实现地下空间的优势，就需要通过上位的设计方法及其管理制度，协调各个地下空间项目的关系，协调不同深度地下空间项目的关系，协调远期发展与近期开发的关系，确保地下空间发展规划得以有效实施，实现地下空间的科学、高效、可持续发展。

地下空间开发利用是与开发利用设计方式和技术手段紧密结合的，地下空间设计方法直接影响到开发利用的方式和运营管理的制度体系。由于地下空间的工程特殊性和复杂性，管理与设计的脱节在地下空间开发利用中显得更为严重。本书总结了地下空间规划设计的方法及近年来的理论成果，以高效成熟的地下空间利用体系反推与之相对应的管理运营体系，提出地下空间绿色发展的原则。在实际应用过程中，地下空间管理制度也应与前期规划设计紧密结合，将管理制度与地下空间开发利用的技术发展联动，在此基础上发展出适合我国地下空间开发现状和未来地下空间利用需求的管理制度。

城市地下空间设计体系从设计理念、设计方法、竖向设计、横向设计、环境设计、安全设计和更新设计研究七个部分展开，管理制度从信息管理、权属管理、规划管理和设计管理四个部分进行梳理，对地下空间的开发利用方式和理论进步进行了全景的研究和展现，对我国地下空间开发利用是一次全面的盘点和清晰的梳理。

地下空间具有公共利益与商业价值双重属性，应当在制度设计中予以体现，摸索建立适合其长效发展的运营管理体系。没有进行市场化开发的地下空间难以进行持续有效的资金投入以确保耗资大、技术要求高的地下空间工程建设高水平完成；没有行政规划导向的地下空间开发难以充分发挥地下空间的优势进行资源的统筹调配和高效利用。本书在地下空间如何面对公共利益和商业价值的关系，如何通过其关系的处理找出适合地下空间高效、统筹发展的问题，并对其进行了分析和探讨，借鉴国内外城市的相关经验，提出城市地下空间开发利用管理制度的政策建议。

关于地下空间的设计创新，本书论述了建立立体化城市规划设计体系的方法，同时建立规划技术革新和结合材料技术与建设技术的革新来更新设计方法，以及加强地下空间系统之间的“多规合一”。关于管理制度创新升级，从法律法规、组织机构、标准规范、人防发展、运营模式五大方面分别详细提出了可具操作性的研究结论，为后续研究的进行提供参考。

目录

第一章　概述

（一）缘起

推进城市地下空间建设，是创新城市基础设施建设的重要举措，对改善城市环境、建设宜居城市、提高城市综合承载能力、提升新型城镇化发展质量有着关键作用。“十二五”时期，我国城市地下空间建设量显著增长，年均增速达到20%以上，约60%的现状地下空间为“十二五”时期建设完成。据不完全统计，地下空间与同期地面建筑竣工面积的比例从约10%增长到15%；借鉴国外成熟城市地下空间开发利用经验，未来城市地下空间与地面建筑的开发比例将达到30%～50%，需求动力充足，增长空间巨大。

为适应新型城镇化和现代化城市建设的要求，把城市地下空间的开发建设和运营管理作为履行政府职能、完善城市基础设施的重要内容，依据十八大、中央城镇化工作会议和中央经济工作会议精神以及党中央和国务院的各项决策部署。2016年5月，住房和城乡建设部发布建规〔2016〕95号《城市地下空间开发利用“十三五”规划》，以促进城市地下空间科学合理开发利用为总体目标，首次明确“十三五”时期的城市地下空间开发利用的主要任务和保障规划实施的措施。“十三五”时期，我国将建立和完善城市地下空间规划体系，推进城市地下空间规划制订工作。到2020年，不低于50%的城市完成地下空间开发利用规划编制和审批工作，补充完善城市重点地区控制性详细规划中涉及地下空间开发利用的内容。同时将开展地下空间普查，推进城市地下空间综合管理信息系统建设并纳入不动产统一登记管理。2017年3月，李克强总理在政府工作报告中提出统筹城市地上地下建设，再开工建设城市地下综合管廊2000km以上。根据2018年政府工作报告的数据，完成了开工建设2004km城市地下综合管廊的任务。

目前，我国面临的城市地下空间的开发利用日趋复杂和综合，需要科学的开发设计方法、完善的配套管理制度及有关部门的密切配合。我国城市地下空间设计水平参差不齐，开发利用管理体制建设尚处于起步阶段，关于城市地下空间利用方面的专门法律尚属空白，仅在一些相关的单行法及部门行政规章和一些地方性法规中有所体现，缺乏系统、规范的内容和程序要求，地下空间开发利用在规划设计、开发建设、运营管理和安全使用等方面的制度尚不健全，国家对城市地下空间产权问题也尚未有明确规定。地下空间在解决我国城市土地资源矛盾、缓解交通问题、拓展城市空间上有着不可替代的作用。目前，兰州、厦门、宜昌、西安、大连等城市均已开展城市地下空间的专项规划工作。然而，地下空间有着投资大、建设和资金回收周期长、对城市安全影响深远和工程的不可逆性等特征，为更好地统筹城市地上地下空间规划设计，推进地下空间开发建设，提高地下空间开发利用和管理水平，加强城市地下空间设计体系和开发利用管理制度的研究迫在眉睫。

（二）城市地下空间研究

编写组以地下空间开发利用的设计方法及其开发利用管理制度为对象，以竖向分层、横向连接及其他地下空间发展中涉及空间和权利关系的问题为研究范围，通过其所对应的管理制度来探讨创新的制度体系。

本书针对我国城市地下空间发展的现实需求，梳理城市地下空间开发利用中的空间关系问题，结合国内外相关法律法规和实践经验，研究我国城市地下空间的设计方法解决方案，探索我国城市地下空间开发利用的制度条件，建立完善的城市地下空间管理体制，并为后期资产评估理论依据，为我国城市地下空间发展相关问题找到合理的解决途径，从而推动城市地下空间建设的全面、健康、可持续发展。

本书是从设计方法、开发制度层面对我国城市地下空间的规划、设计、管理等提出建议，并从地下空间现状实际出发，探讨城市地下空间的竖向综合利用模式，着力解决各地下空间项目间的衔接和空间关系问题，建立地下空间设计和开发利用管理体系，服务于地下空间的可持续发展，具有重要的现实意义。

（1）是全面贯彻落实党的十八大、中央城镇化工作会议和中央经济工作会议精神，落实住房和城乡建设部建规〔2016〕95号《城市地下空间开发利用“十三五”规划》中工作目标的重要举措。该规划中明确提出，统筹开发，有序利用，提高地下空间系统性。地下空间开发利用应当坚持统筹安排、综合开发、合理利用的原则。坚持平时与战时相结合、地下与地上相协调的方针，鼓励竖向分层立体综合开发和横向相关空间连通开发，提高城市地下空间开发利用的整体性和系统性。地下空间竖向设计方法是统筹兼顾城市深层空间和环境、市政基础设施、地下交通、人民防空工程、应急防灾设施等多方面内容的方式，对各地地下空间的规划设计和开发建设提出更为具体的方式方法。

（2）为实现《城市地下空间开发利用“十三五”规划》中提出的“要健全地下空间开发利用各项管理制度，完善有关法律法规、标准规范的制定，地下空间开发利用依法管理工作取得较大进展，使管理水平能够适应经济社会发展需要”这一重要目标奠定坚实基础。目前，我国城市地下空间虽然在多地有了相关的专项规划，但尚未出台相关开发管理制度细则和国家层面的法律法规体系，尽管地方政府层面可以规定有关于土地产权的归属，但根据《立法法》，地方立法权受限，面临对地下空间开发利用民事基本权利之规定无效的问题。本书通过梳理国内外城市地下空间开发利用现状，研究如何建立成熟的城市地下空间开发管理制度，为地下空间开发利用法律法规及管理制度的完善提供技术借鉴。

（3）为规范城市地下空间开发建设和投资管理提出借鉴和参考。目前，国内城市地下空间的综合开发处于起步状态，各行业根据自身需要自行开发利用地下空间，缺乏整体性、系统性。同时，由于现行法律未对地下空间权属做出明确规定，城市地下空间项目造价高、收费难、投资风险大，社会资本缺乏投资积极性。鉴于以上问题，本书将进行针对性的研究并提出合理化建议。

（4）是探索未来城市发展方向、与国际接轨的必经之路。日本、英国、法国等国家为了缓解城市用地紧张，满足日益增长的城市人口对环境和交通设施的需求，对城市地下空间的开发利用给予重视，建立了健全的地下空间管理制度，打造了国际一流的城市地下空间开发利用成功案例。本课题通过对国内外城市地下空间进行梳理，探索我国城市地下空间开发利用的未来发展方向，这是我国现代城市与国际接轨、实现高点定位的必经之路。

（5）编写组通过对城市地下空间管理制度研究和调研城市项目的展现，能够使社会各界更多投资者，置身于对地下空间资产的合理配置，为地方政府带来增加财政收入，提高社会就业机会，改善交通拥挤，避免重复建设，国家战略人防保障供给，消化过剩产能，创新业态拉动GDP稳步增长，都起到一定作用。

（三）城市地下空间的研究方法与路线

我国城市化进程日趋加快，城市地下空间开发利用也已迈入全新阶段，在生态文明建设的时代背景下，如何在现有地下空间开发模式下处理好竖向空间分层、横向空间连接、近期与远期发展规划的协调关系，形成与之相适应的管理体系，成了统筹利用好地下空间资源的关键所在。本书以调研为先导，针对我国地下空间发展的现状问题，结合发达国家和地区的地下空间发展经验，在传统地下空间设计方法和管理方式的基础上，探索研究地下空间竖向分层和横向整合的空间关系，提出与之相适应的管理方式，解决地下空间发展过程中的问题。

本书以国内现状调研需求分析为出发点，通过搜集国内外资料和对典型案例的研究，提供充分的参考依据。同时，以地下空间分层利用和贯通连接中存在问题为重点，将我国地下空间设计与开发利用所存在的问题带入管理制度研究之中。在深入总结地下空间设计方法的基础上，从地下空间设计和管理制度创新上提出政策建议。

结合我国现有城市地下空间相关发展现状，从地下空间设计与开发利用管理制度两个方面入手，深入分析地下空间发展面临问题的原因并提出创新方案。国内现状分析中，以大陆地区和中国香港、中国台湾地区的成就和现状问题为样本，同国外以英国和美国、加拿大、日本为代表的不同制度下的开发管理模式进行对比研究。本书为整体研究成果，试点城市工作以调研报告的分报告形式进行展示。

第二章　国内外城市地下空间设计与开发利用管理现状

(一)国内现状与需求分析

1.现状成就

(1)大陆地区

我国城市地下空间开发用30年的时间走完国外150年的发展进程，整体呈现出跨越式发展、综合化发展的态势(表2-1、表2-2)。

国外地下空间发展历程　　表2-1

时间阶段	背景	地下空间发展情况
20世纪前	英国伦敦1863年建成世界上第一条地铁；纽约1867年建成美国第一条地铁；1890年开始地铁在全世界范围推广	地铁的建设启动了城市地下空间的规模开发利用
20世纪“一战”～“二战”	备战、防空	地下防护工程大规模展开
20世纪50～60年代	战后复兴、经济复苏发展、人口大量集聚、城市交通问题严峻	轨道交通及地铁进入全面发展，城市更新、改造与立体化再开发加速
20世纪70～80年代	石油危机、能源恐慌	刺激地下储库与地下节能建筑的发展
20世纪90年代至今	生态优先、可持续发展	多领域地下空间开发利用探索与实践；地下空间有序、合理开发利用，成为可持续发展的战略任务之一

国内地下空间发展历程　　表2-2

时间阶段	背景	地下空间发展情况	地下空间开发建设的主体内容
1950～1978	“二战”之后	深挖洞	人防
1978～1986	改革开放	平战结合	人防与普通地下室

续表

时间阶段	背景	地下空间发展情况	地下空间开发建设的主体内容
1986年至今	现代化城市建设	与城市建设相结合，多元化、系统化、综合化	地下交通、市政、公共服务、综合防灾等

目前，我国对于城市在地下空间设计与开发利用管理越来越重视。从20世纪90年代中期起，我国有将近20多个大中城市先后编制了地下空间专项利用规划，地下空间利用功能也从单一类型的人防工程设施转向地下交通、市政、公共服务、综合防灾等多种类、综合性、系统性功能类型。

在我国城市地下空间设计与开发利用管理相关的法律法规上，也从20世纪90年代中期开始得到重视，主要有:《中华人民共和国人民防空法》(1996.10.29),《城市规划编制办法》(建设部2006.4.1),《中华人民共和国物权法》(2007.10.1),《中华人民共和国城乡规划法》(2008.1.1),《城市地下空间开发利用管理规定》(建设部1997.10.27),《关于推进城市地下综合管廊建设的指导意见》(国务院办公厅2015.11.26),《城市地下空间开发利用“十三五”规划》(住房和城乡建设部2016.6.22),《关于加强城市地质工作的指导意见》(国土资源部2017.9.6)等。而地方层面涉及城市地下空间的法规目前有30多部，涉及地下空间开发利用的规划管理、建设管理、土地管理、权属管理、使用管理，各个城市在管理方面各有侧重。

(2)港澳台地区

1)香港

我国香港是世界建筑密度最大的城市之一，核心区域的人口密度高居世界之首，其地下空间和岩洞开发历史悠久，常用于地下停车场、地下商场和地下人行通道等的地库式开发早已成为地面开发的一部分，公用设施管线也在向地下延伸，以优化整体空间利用。

政府在20世纪70年代开始先后制定了铁路保护法规和涉及地下空间管理的建筑物条例。其城市空间的高效利用很多得益于轨道站周边城市空间和功能设施整合。在轨道建设实践中，政府给予港铁公司“土地特别开发权”，采取“土地溢价”“收益分成”“实物分成”等各种融资方式，针对不同项目进行土地规划、建设和开发权再发包，这被称为“轨道+物业”的建设模式，港铁公司获得了大量与轨道站紧密联系的商业空间的物业权。

通过工程实践，香港地区已经建立了一套完整的地下空间开发体系，通过立法来规范地下空间的规划及建设。在城市规划条例下，由团体、政府、铁路公司或发展商提出地下空间的详细计划，这些计划需接受公众的咨询和政府监管。目前，香港地区的地下空间项目都是由多个团体来联合开发的。

2）台湾

我国台湾地区围绕着城市轨道交通、民防工程、共同管道等地下空间设计与开发利用管理，加速了政府管理的法制化建设步伐。

①与地下空间设计与开发利用管理相关的土地空间权属相关法规建设

主要包括所谓“民法典”“台湾土地法”等。“民法典”是20世纪30年代制定的，其中的“台湾民法物权编”“民法物权编施行法”和“台湾土地法”“台湾土地法施行法”等都对土地的空间权属进行了规定，为地下空间的开发利用提供了法律保障。

②地下空间设计与开发利用管理的专项法规建设

台湾地区涉及城市地下空间开发利用的现有法律属专项法规，目前还没有进行综合性立法。但是，相关配套法规建设比较健全。主要有所谓“共同管道法”“大众捷运法”，以及“共同管道法实施细则”（2001）、《共同管道建设及管理经费分摊办法》（2001）等。

③地下空间设计与开发利用管理的配套法规建设

为了促进民间资本投入到地下空间的开发建设事业，台湾地区相继制定了所谓“促进民间参与公共建设法”、《政府对民间机构参与交通建设补贴利息或投资部分建设办法》（1996）、《机构参与交通建设长期优惠贷款办法》（1995）、《土地开发配合交通用地取得处理办法》（1997）等。这些配套管理办法的创建和完善，对吸引民间资本进入地下空间开发建设和利用事业发挥了巨大的推动作用。

2.现状问题

（1）重地下规划，缺与其他规划的衔接

地下空间开发利用规划缺规划与其他规划的衔接性。城市地下空间开发利用专项规划可与人民防空专项规划一并编制，也可单独编制，但要与人民防空专项规划等其他各类专项规划相衔接。城市地下空间开发利用专项规划应对地下交通干道、地下管网、人民防空设施、应急避难场所，以及停车、商业、仓储等其他地下工程建设作出规划，并制订近期、中期和长期实施计划。城市控制性详细规划、修建性详细规划要设地下空间开发利用的专门章节，具体落实城市地下空间开发利用专项规划的要求。省城乡规划主管部门要会同省级有关部门加快制订城市详细规划中地下空间开发利用部分的编制标准。要加强城市地质环境和地下资源的调查评价，努力提高城市地下空间开发利用专项规划的科学性。

（2）重规划编制，缺实施管理

在实施过程中，与周边地块的连通上，缺乏执行力。各地块之间虽然在规划层面相互联系贯通，但在实施过程中各单元还是以单独出让、建设的形式进行开发，管理力度薄弱，使得地下空间规划难以在互联互通上落实。

（3）重开发建设，缺环境保护

地下空间的开发建设会影响邻近水域的生态环境、地质环境。浅层地下空间的开发影响绿地生态。目前，我国地下空间开发以建设为主，少有对绿地生态的考虑，也缺乏与之相关的法律制度。

（4）相关政策法规与技术标准建设跟不上发展需要

地下空间开发利用与保护的综合性管理、规划管理等法规建设，以及吸引民间资本进入地下公共公用设施建设领域的相关政策等方面相对滞后。地下空间开发利用中的一些公共公用设施（地下街、综合管沟、地下能源中心、地下环卫场站、地下仓储物流设施等）的技术标准缺乏，跟不上快速发展的迫切需要。

3.发展趋势

（1）开发利用

①综合化

城市地下空间开发利用的综合性主要体现在使用功能的多样化、多项设施规划建设的统一性、同步性、共用性及空间组合与利用的合理性等方面。

②网络化

以地下公共步行系统和地下道路系统将多个地下空间设施连通，并与地铁车站或大型地下综合体连接，形成更大完整的地下空间网络系统，从而逐步形成类似加拿大蒙特利尔地下城的模式或者日本地下街连通的模式，已被世界公认是一种城市地下空间综合开发利用的理想化发展模式。

③深层化

地下空间资源已在地表以下50m范围内得到较充分的开发利用。而大量的50m之外的地下空间资源尚未开发，具有巨大可开发利用潜力。地下空间深层化开发等正逐步提上日程。

④集约化

城市地下空间资源的开发利用总是从浅层开始，随着城市的发展，开发利用的空间层次会依次向下。因此，事先规划尽量将一些功能性设施进行有机组合，并在竖向空间范围进行优化整合；同时，尽可能同步实施。这种集约化开发利用模式也已成为一种新趋势。

（2）规划设计

①从专项到综合，由地铁、地下街、地下公共服务设施、地下市政设施、人防设施等专项的规划设计，转向实现上下和谐、各专业系统协调整合的综合性规划。注重地上地下协调一体化设计，注重地下各专项系统之间的协调、前瞻性与实用性的统一。

②从定性到定量，通过现有科学技术及数学分析等方法，构建数学模型进行资源评估及雪球预测研究。

③从现象到本质，追求实现可持续发展、实现人与社会及自然的和谐发展，理论层次不断提高。

④从原则到实用，规划理论从宏观的原则性指导到更加贴近实际，切实指导实践。

（3）管理制度

城市地下空间的管理制度正在走向法制化。法制化是城市地下空间设计与开发利用管理进入有序化的前提条件。法制化不仅需要一个系统的建设过程，而且还需要创建包含政策、法律法规等涉及政治体制、管理机制以及社会、经济、科技和文化等多个层次的法制化体系。法制化水平也是衡量一个国家文明进步及城市地下空间资源开发利用与管理水平的重要指标之一。

（二）国外现状与启示借鉴

1.欧洲国家

欧洲是世界利用地下空间最早的地区，从1863年伦敦的地铁，到连通英法两国的海底隧道，欧洲开发利用地下空间的程度和水平始终处于世界前列。总体来说，欧洲国家利用地下空间更多的是从保护城市环境和自然与人文景观出发。

第一次产业革命后，工业的发展改变了城市面貌，欧洲城市迅猛发展和扩张。但欧洲人在享受工业发展成果和城市生活的同时，非常注重城市环境、古建筑和标志性景观的保护，这体现在地下空间利用领域，主要表现在将城市公用基础设施、商贸设施尽量建于地下，减少和避免对地面环境的影响，最大限度地保持城市风貌。如早期伦敦被认为是现代下水道初始的地下水道，巴黎市普及率达到100%的地下水道，以及现在伦敦、柏林、罗马等主要城市全部的电缆几乎都敷设于地下。

战后，很多欧洲国家在城市重建和改造中，发展了地下快速铁路和公路系统，尤其是大型城市中心商务区，立体开发各种形态的地下空间，建立起了大型地下建筑综合体。城市许多功能建在地下，优化了设施空间组合，扩张了空间容量，在地下发展交通、商贸、市政公用等设施，缓解地面空间压力，在地上进行大面积绿化、美化，改善居住和生活环境。例如，巴黎市的卢浮宫地区建立的地下建筑综合体，包括了地铁、商贸、娱乐、停车场和一些城市公用基础设施，这是典型的欧洲城市利用地下空间保护地面环境和历史人文景观的案例。

再如，20世纪80年代，巴黎市中心的列·阿莱地区的再开发工程，是迄今为止各国城市中心商务区再开发中地下空间利用规模最大也最充分的一个案例，列·阿莱地区地处巴黎市中心城区，交通压力大、地面传统建筑多，不可能拆除重建，只能通过利用地下空间，地上地下的立体化再开发，建立立体化交通网络，摆脱只依赖地面的城市发展方式。列·阿莱地区这一改造通过大规模的地下空间利用，使空间容量扩大了7～8倍，充分发挥了地下空间扩大城市空间容量和保持环境质量的作用。其广场地下一、二层是购物中心和体育馆、音乐厅、图书馆、剧场等文体娱乐设施，地下第三层是地下高速公路、地下车站和可停放1850辆车的大型地下停车场，地下第四层则是城市地铁系统。

（1）英国

城市地下空间开发利用的秩序化、高效化、科学性、合理性、经济性首先应建立在规划的引导、控制和管理上。1863年，英国伦敦地铁的开通是人类社会发展与近代城市规模化开发利用地下空间的显著标志。经历了百余年的不断发展，地下空间的开发利用作为城市建设的重要内容已经纳入城市规划建设管理的统一体系之中。

根据调查，英国早已建立健全了完善的城市规划体系，在自上而下的规划管理体系中，中央政府关于城市发展和城市规划的政策性文件占有重要地位。其中，由中央政府负责规划事务的部所制定的“规划指引”类文件，是关于城市发展和城市规划的最主要的政策性文件。

英国的“规划指引”主要由《国家规划政策导则》《规划建议要点》和《告示文件》所组成。这些“规划指引”根据需要制定，并且随时间发展不断对之进行增补或修改，使规划工作既有宏观的国家规划主干法、从属法及相关法律法规的规范与控制，又有具体明确的要求用于指导实施。例如：

1)《国家规划政策导则》

这是中央政府对于重要的国家性土地使用及其他规划问题而公布的政策声明。其主要内容包括：

①描述规划体系及其目标；

②对地方政府制定发展规划和施行开发控制提供详细的指引；

③描述中央政府对于地方规划服务的高效率和高绩效的期望；

④明确中央政府和地方政府在执行其法定职责中应当实现的具体目标。

目前，英国中央政府主管部门制定的《国家规划政策导则》已有19个分篇，适用于英格兰、苏格兰和威尔士地区。

2)《规划建议要点》

在英国的“规划指引”体系中，《国家规划政策导则》(简称《导则》)由相应的《规划建议要点》(简称《要点》)所支持。《规划建议要点》是政府针对规划实践中的具体问题而提出的指导意见和相关信息，现已有39个分篇。与《导则》相比，《要点》的内容更丰富、更具体，并且根据发展需要适时修订。它是地方政府制定发展规划和施行开发控制的重要指引，同时也为规划申请和审批提供参考信息。

3)“规划指引”的特点

①非羁束性的规划政策依据

英国的“规划指引”是中央政府关于城市发展和城市规划的政策性文件。它不属于国家的规划主干法及其从属法体系，不具有羁束力，但仍是地方政府在制定发展规划和实施开发控制中应尊重的依据之一。

②基于服务理念的规划建议

英国的“规划指引”既是中央政府对地方政府提出的工作要求，同时也是中央政府基于“服务”的理念为地方政府合理、有效施行具体开发管理而提供的规划建议。针对不同的规划问题，在相应的“规划指引”中阐述有关的影响因素和开发要点，并提供较好的实际规划案例作为借鉴。

③专题性强、涉及面广、适时修订

英国的“规划指引”分专题制定，每个专题都针对城市规划和开发管理的一个特定类型的问题。经过长期发展，指引的条款已经相当丰富，涵盖了城市发展和城市规划中诸多方面的问题。因发展需要而制定，随着时间的进程和实际情况的变化对内容适时更新，既可修订也可增补。修改后的政策文件以告示文件的形式向地方政府、规划从业人员、开发商及对公众公布。

（2）法国

法国的城市规划在世界城市规划领域可谓独树一帜，独特的城市规划行政体制是其中重要的制度原因。其规划行政体系由国家和地方双重城市规划行政体系组成，在地方上实施双重的行政管理，即代表国家整体利益的由上至下的地方政府和代表地方居民集体利益的由居民直选的“地方集体”共同管理地方事务。

法国城市规划体系的建立、发展和演变大致上划分成3个历史时期，即：以《土地指导法》为代表的城市规划中央集权时期（1919-1967年），中央集权编制、执行城市规划法，大到城市与区域规划，小到发布建筑许可的决定，都受到国家中央行政当局的直接控制；以《地方分权法》为代表的中央—地方发展合作伙伴关系时期（1967-1982/1983年）；以及以《城市互助更新法》（SRU）为代表的中央—地方整合时期（1982/1983-2000年），将城市大区的控制权下放到城市一级，而将立法权和监督权留在中央政府，执法权交给地方。这一划分并不意味着法国城市规划政策在某些时期出现突变，事实上整个体系的演化过程是连续的、渐进的。

法国在城市规划的编制（含审批）、实施和监督检查三个方面的管理工作，中央政府和地方政府分别拥有不同的管理职权，同时也分别享有不同的管理资源。

法国城市规划管理主要涉及城市规划的编制（含审批）、实施、监督检查等三个方面的管理工作，中央政府和各级地方政府分别拥有不同的管理职权，同时也分别享有不同的管理资源包括人力资源、技术资源和资金资源。

目前，法国中央政府和各级地方政府之间的城市规划管理权限划分大致如下：

①市镇地方政府主要负责直接或间接组织编制当地的主要城市规划文件（如“指导纲要”和“土地利用规划”），在审批通过“土地利用规划”的前提下发放土地利用许可证书，以及参与行政辖区内的修建性城市规划和土地开发活动等。

②省级地方政府主要负责编制辖区内的农业用地整治规划和向公众开放的自然空间的规划等。

③大区地方政府主要负责编制和实施区域性的国土整治规划等。

④中央政府主要负责制定与城市规划相关的法律法规和方针政策，对地方城市规划行政管理实施监督检查，通过向地方派驻技术服务机构参与编制和实施城市规划，对尚未编制“土地利用规划”的市镇发放土地利用许可证书等。

设置和实施这种双重体系，主要是为了处理和协调两个主要关系：一是中央和地方政府在城市规划管理职能或权限的衔接；二是土地管理和城市规划的均衡。从这个体系的结构来看，中央政府的城市规划行政主管部门及其在大区和各省的派出机构组成了多层次的国家城市规划行政体系。中央虽然集中管理和统筹协调全国的城市规划，但是在具体的规划区域和项目上，大区和省都有自己相对独立的权限。事实上，省的管理更加直接，包括可以在市镇政府的要求下，通过签署协议，与市镇地方政府的城市规划行政主管部门共同履行编制城市规划文件、发放土地利用许可证书等城市规划管理职能；此外，省建筑与遗产局和省农林局也分别参与有关建筑艺术和农村规划等方面的城市规划管理工作。

法国的经验表明，地方分权是法国社会发展的必然结果，是法国国家政府在新的经济社会条件下必需的选择。法国从集中到分治的变化也证明了体制本身并没有优劣之分，只有是否适应当时的社会经济发展条件的问题。

机构建设是规划实施的重要保证。在法国的规划体系中我们可以看到明确的职权划分，这一职权划分保证了地方分权的真实性。每个地方机构在获得权力的同时，也必须承担相应的责任。国家或地方各机构之间没有权力交叉重叠的现象，各机构间在职责范围内没有上下级关系，公共机构间的公务纠纷将通过专门的司法机关——国家行政法院依法裁决。

此外，在城市化处于加速发展的时期，城市规划管理权限的相对集中有利于统筹协调、减少浪费。

（3）德国

德国城市发展遵循一条规则：既要考虑市场竞争的原则，也要顾及社会公共利益的需要，联邦、州和地方乡镇三级共同承担城镇建设发展的任务。其主要特点是统一筹划，协调发展。

德国城市规划法的起源始于19世纪中叶制订的《城市公共建设法》，它规定了城市建设的管理制度。1987年颁布的《建设法典》确定了德国城市规划法的基本框架，主要由1960年出台的《联邦建设法》以及1971年的《城市建设促进法》这两部法律合并而成。其中，《城市建设促进法》是解决旧区改造和新区开发建设中出现的问题的特别法律。由于法律传统和国家管理体制的原因，德国城市规划法比较重视实施所需要的法律手段和衔接不同规划层次的框架条件。就具体内容而言，德国城市规划法实际上是一部关于城市土地利用管理的法律，它的核心任务是确定土地使用者在自由支配土地利用时必须承担维护公共利益的法律义务，主要包括：保障用于公共目的的建设用地不受侵害，并能够征购；城市公共和私人建设项目必须纳入城市功能结构的整体设想；城市公共和私人建设项目必须纳入城市形式的规划框架等3个方面。

除了《建设法典》之外，与城市规划有关的其他法律规定还有《空间秩序法》《联邦自然保护法》《田地重整法》《建设法典措施法》《地产交易计价原则的规定》《建设用地的法律规定》《规划图例的法律规定》等。1976年制订《联邦自然保护法》对景观规划的编制有指导意义。1974年制订的《联邦有害物质防控法》，从环境保护的观点出发，对城市规划提出了具体的法律要求。该法规定，在城市的空间规划和规划措施中，对具有特定功能的用地进行分区，以尽可能避免受到有害物质的影响；对以居住为主的建设用地进行保护，以免受到环境污染的危害。

德国的城市管理水平比较高。规划、特色保护、公交等别具特色。德国在城乡建设上一方面严格管理土地、环境等重要问题；另一方面又大量放权给地方，充分发挥地方上的积极性和自主性。只要在规划法规的框架内，各级政府自己决定建设管理事项，在城市建设过程中，德国各地始终注意对历史文化和古老建筑的保护，注重城市特色的营造，同时十分注重城市和城际的公共交通建设。由于德国投入大量的财力用在城市建设的规划上，虽然城市的建设管理走在世界的前列，但是由于投入的资金过大，造成政府在城市规划方面越来越力不从心。德国追求高要求、高标准的城市规划，但资金筹集政策不够灵活，没有充分运用社会资金这个巨大的财源。

(4) 芬兰

芬兰位于斯堪的纳维亚半岛东部，土地总面积为33.81万km^2。从规划的角度看，芬兰更像是一个面积较大的都市区。空间规划体系包括国家、大区和市镇三级。规划法规体系以《土地利用与建筑法》为核心，还有《区域发展法》《建筑保护法》《古物法》《土地开采法》《环境保护法》《水法》《环境影响评估法》等。规划机构包括内政部（负责区域发展规划）、环境部（负责土地利用和建筑）和农林部等。目前的规划运行体系分为全国土地利用导则、区域规划和地方规划三级。

1）规划体系规范且多层次

在1997年的欧盟纲要理想类型中属于综合集成型。发展规划和土地利用规划构成“两规”并行体系。芬兰统一的空间规划体系具有综合集成的特点，是由两个不同的政府部门和不同系列规划构成。一个是发展规划系列由中央政府经济事务和就业部管理，法律依据是2002年实施的《区域发展法》，形成发展规划体系，包括国家区域发展目标、区域议会编制的长期区域发展规划和中期区域发展方案。另一个土地利用规划体系由中央政府环保部管理。法律依据是2000年实施的《土地利用和建筑法》，形成国家土地利用导则、区域规划和地方规划三级。区域规划通过区域发展方案实施，区域发展方案需要区域规划提供保障。

2）规划体系从中央集权层级管理走向地方分权自治

从20世纪60年代空间规划体系的形成，到目前等级化的规划管理体系。中央政府只在交通和能源网络、自然和文化遗产保护等事务上保留治理权利，将其他权力转移给了地方一级。以隶属于赫尔辛基都市圈四城市之一的万塔市为例，其土地利用规划最初贴上了国家凝聚力政策的标签，然后受到区域发展的影响打上了独自奋斗的烙印，最后发展成为一个独立的国际主体，其内部政策和外部竞争工具也都随之隶属于国家大都市政策。万塔市土地利用规划逐渐由规划体系的一个环节走向独立自治，这是规划体系从集权走向分权的最真实写照。

3）从城乡分割的规划体系转为城乡统筹规划体系

芬兰1958年《建筑法》实施时，城市化水平为55.0%左右，城乡差别较大，地方总体规划分为城市总体规划和乡村建设方案，采用不同的建设规则、标准和管理办法。2000年的城市化水平为82.2%，城市空间不断增加，乡村空间不断减少，地方总体规划调整为地方总体规划和地方详细规划，空间规划体系的建立与演变与城市化水平密切相关。

（5）瑞士

瑞士实行联邦、州、市镇（亦译为社区）三级行政管理体制，在政治体制方面根据宪法，瑞士实行共和体制实行三权分立联邦委员会是最高行政机构，联邦议会是最高立法机构，联邦法院掌握着最高司法权。

除联邦办公厅作为联邦委员会的常设机构之外，联邦政府多年来一直保持七个部的建制，即外交部、内政部、司法与警察部、军事部、财政部、国民经济部、环境运输与能源通讯部。部与部之间的协调与合作主要通过一些定期或不定期的部际协调机构来进行，如协调会议、协调委员会、某种提案小组等。

1969年，瑞士的空间规划跨出了法治化的重要一步，开始把城市土地划分成两类，即“建设地区”和“非建设地区”，并在联邦《宪法》中增加了“联邦政府有权进行空间规划”的条款。1979年修订的《宪法》中，在制订有关土地规划编制的法律法规方面，赋予了州一级更大的权限，并提出土地的利用应是集约性的、着眼于爱护共同生活的家园。1989年联邦颁布的新规定中，要求各级政府更加注意在建设过度的地区停建、少建，处理好开发和资源保护的关系。根据形势的发展和要求，1991年和1996年两次对1980年版的《联邦空间规划法》进行了修改，更加强调了联邦和州级规划主管部门的管理职能以及规划调控的机制、程序、手段（包括经济手段的运用）等。

瑞士的空间规划管理制度中，比较值得借鉴的有：

①在中央政府层面上，瑞士空间规划司要协调州政府和联邦各部门在空间规划方面的关系，对他们的争议和矛盾进行仲裁，如果仲裁无效还可引用《联邦空间规划法》的规定，提交联邦政府出面进行协调并裁定。在这类问题的整个处理过程中空间规划司的作用和权限相当大。

另外，空间规划司拥有良好的协调能力和手段，如“联邦空间秩序协调会”机制。通常联邦各部门之间进行协调的主要方式是由空间规划司召集“圆桌会议”（有关空间秩序的部际协调联席会议），共约20个有关部门参加，会议主席由空间规划司的空间规划处的处长担任。会议的目的，一是协调各部门之间的关系；二是为联邦各部门提供一个相互接触和交流的机会。每年定期召开4次会议，另外举办1次相关的研讨会。此外联邦还设有一个“空间秩序专家组”为政府提供专业咨询和建议。

②规划管理制度本身来看，州的一些具体的规划管理方式和手段，如州政府对市镇政府的规划约束，州政府有关空间规划的协调、实施和监督机制，对联邦与市镇间关系的联系和沟通机制，州政府对市镇的土地使用规划的审批，州级规划管理机构的设置及其职能等方面，

③瑞士空间规划管理体制中，对不同层次规划的作用和约束力有明确的认识和规定，例如空间规划的基本原则和参考目标对联邦有约束力，对州和私人没有约束力；各州之间以及州与联邦之间进行的合作协议，对联邦和州有约束力，对私人没有约束力；有关对城市发展的规定和要求（如大型设施的开发建设规划等）对联邦、州、私人均有约束力。

④瑞士的联邦、州、市镇各个层次的法律体系比较健全，全部的空间规划管理工作均在法律的框架内进行，授权一个部门对地域空间依法进行统一的规划管理。

（6）西班牙

西班牙由类似联邦的政体构成，17个自治区域都有各自的议会和政府。国家和地方之间的权力分工由《宪法》148条和149条确认，但在管辖范围、空间规划和地域管理方面仍有一些重叠。《宪法》148条规定了自治区域的空间发展的相关职责包括：土地使用规划和管理以及住宅开发，地方范围内的区域性公用设施、道路和铁路，环境保护的管理，与国家经济政策相协调的地方经济发展。根据《宪法》第149条规定，国家权力机构控制基本资源、重要基础设施、经济和环境政策，地方部门的自由权限因此受到制约。规划法认可区域政府的总体责任，但将地方开发的规划、管理和控制交给地方政府。地方政府编制和审核市镇规划，最终由区域政府批准。

西班牙强制性的城市规划体系确定了通用的规划框架，1956年的第一部法律中已确立城市规划的效力，它旨在针对完全不同的地域找到解决具体问题的方法。其次，西班牙的城市规划，不仅是专项规划，也是地方性法规，它确立的目标直接影响了城市发展。

西班牙城市设计中，大部分法定规划的设计控制要求来自市镇规划，这是地方政府履行的法定权力。市镇议会在设计策略方面享有全部权力，区域政府对此较少约束，只是维护整个区域的福利和公正，国家政府的约束则是基于国家立法在一些特定方面对于地方自治权力的先决条件。

2. 北美国家

（1）美国

以纽约为代表的美国城市地下空间利用更强调其交通方便。纽约拥有世界上最完善的地铁网，线路总长443km，共有504个的站点。每天接待乘客数510万人次，每年接近20亿人次，纽约市突出了便捷、高效、经济的实用性特点，多数地铁站相对简单，一般是水泥地面，很少装饰。其地铁的方便性在国际上无出其右。纽约中央商务区有4/5行人依靠公共交通，曼哈顿区常住人口共约10万人，但是每天进出该地区的总人数接近300万，多数是通过地铁到达。纽约在所有方向建立不受天气影响的城市地下步行通道，作为解决人车分流、分离交通量的一个措施，它还注重缩短地铁与公交换乘距离，通过地下通道连接地铁站与大型公共活动中心；洛克菲勒中心是一个典型的地下步行系统，10个街区内的主要大型公共建筑都可以通过地下通道连接。

美国的地下建筑单体设计（如：学校、图书馆、办公室、工业建筑、实验中心）也很有特点，既利用了地下特性满足功能要求，也解决了新老建筑一体化问题，释放了空间。比如哈佛大学、加州大学伯克利分校、密歇根大学等大学的地下或半地下建筑，明尼阿波利斯南部中心商业区的地下公共图书馆等，既保持了与原有建筑的联系，又保持校园和城市的原貌。又如旧金山市中心的叶巴布固那地区的莫斯康尼地下会展中心，在地面上保留了这个城市仅存的宽敞空间，建设了一座公园。

美国的给水排水设施也充分利用了地下空间。以纽约为例，其日供水量300万t，供水系统由水库、引水渠和泵站组成。供水系统进入市区后，即转入地下，由3条城市供水隧道，经地下配水系统向城市供水。其中20世纪80年代修建的第三条输水隧道，直径7.5m，长度30km。芝加哥则是为了解决原有排水系统不足和生活水源污染问题，进行了排水和蓄水工程建设，建设了包括5座地下泵站、251个垂井式的蓄水池和长度177km的排水隧道，隧道直径10m，埋深45～100m，平时储存生活污水和雨水，经过净化处理后再排入“五大湖”中。波士顿也构筑有类似的排水系统，高峰时利用洞室储存污水，低峰时进行处理。

在地下空间设计与开发利用管理制度上，1927年，美国伊利诺斯州制定了《关于铁道上空空间让与与租赁的法律》，该法律是美国法制建设史上有关土地空间权问题的第一部成文法。1958年，美国议会作出州际高速道路的上空与地下空间可以作为停车场使用的决定，土地空间权概念由此被广泛传播开来。1970年，美国有关部门倡议各州使用“空间法”这一名称来制定自己的土地空间权法律制度。1973年，俄克拉荷马州率先完成立法，即著名的《俄克拉荷马州空间法》。该法律集土地空间权领域的成功判例与研究成果之大成，详细规定了空间权制度，美国现代的土地空间权制度，在地方成功立法的基础上。美国土地空间权法的颁布实施，为城市不同所有制土地空间的分层、立体、集约、综合、多重开发利用提供了有效的法律保障，非常有效地促进了城市地下空间的开发利用，已经被许多国家效仿。

（2）加拿大

以蒙特利尔地下城为代表的加拿大城市地下空间利用特点主要是应对恶劣自然条件，改善人居环境，同时兼顾便捷交通。蒙特利尔地下城由10个站台、两条地铁线和32多公里长、占地12km^{2}的地道，以及通过这些地下通道连接的室内公共广场、大型商业中心等共同构成，空间面积超过360万m^2，地下城内建有银行、博物馆、购物中心、旅馆等多种办公和商业建筑，其中包括占该城全部办公区域80%和相当于城市商业区总面积35%的商业空间。

蒙特利尔的地铁系统一般位于岩石地下15～10英尺。通过其周边建筑物地下一层或地下二层的空间建立行人自由区，通过相邻建筑的地下室进入空间。地下城有120多个出口，有七个地铁站、两个火车站、公共汽车总站和贝尔中心，这里已成为躲避严冬和繁忙交通的理想场所。

这样规模宏大的地下空间开发建设，蒙特利尔市政府主要通过规划引导、政策激励和管理法规的创新建设，多方位、大范围、大规模地引导民间资本投入和民间企业参与，建立政府与民间企业联合的城市地下空间开发利用一体化管理体制和运作机制。主要包括：

1）建设与运营机制

在加拿大，政府的行政管理职能相对较弱，土地归私人所有，政府控制的土地相对较少，地下空间利用的重点实际上是各个地块之间的公共空间。但是，政府可利用对这些公共空间的控制权，促成建筑物地下空间之间的连接，并制定优惠政策，由各相邻业主出资修建、维护、管理地下公共步行通道，从而完成地下城各部分间的连接。

2）投资模式

蒙特利尔地下城的成功是建立在“政府与开发商互利”的基础上。两者之间的谈判也非遵循某份法律文件，而是根据市政委员会所规定的细则办理。如今的蒙特利尔是政府无须投资建设和运营维护，却能拥有良好的城市基础设施而闻名于世界。由于这种公私合作方式，蒙特利尔市的地下城形成了一个实实在在的地下网络体系。

3）管理模式

蒙特利尔市政府规定，各业主负责对其所投资建设的地下公共步行通道进行使用管理和维护，并承担责任保险；投资者将属私人产权的地下公共步行通道使用权无偿转让给政府，在城市地铁日常运营开放时间内，允许公众从地下公共步行通道及其产业区范围通过；出让地下公共步行通道使用权的业主，不得向希望与其建筑连接的相邻业主索要连接费。

3.亚洲国家

日本国土狭小，城市用地紧张。与欧美各国相比，日本起步较晚，但是地下道路、地下铁道、地下车站、地下商场以及城市综合管廊的建筑规模、成熟程度已居世界领先地位，是城市地下空间开发利用最为发达和成功的国家之一，经验被多国借鉴。日本地下空间开发利用的成功不仅依赖于经济与科技发展，更重要的是源于管理制度中法制化创新建设。

1）与地下空间权属相关的法规建设

1956年，日本私法学会在研讨《借地借家法的改正问题》时，提出应将以地下、空中为客体而设定的借地权与以地表为客体所设定的普通借地权予以分别规定，并寻求对日本当时的民法典进行增补和修订。在这之前的《日本民法典》第207条（土地所有权的范围）中规定："土地所有权于法令限制的范围内，及于土地的上下"。该条明确规定了土地所有权人拥有土地上下空间的所有权。《日本民法典》的第265条和第269条进一步规定了"地上权的内容"和"地下、空中的地上权"。为土地空间的分层和多重利用提供了法律保障。

2）与地下空间开发建设事业相关的法规建设

日本城市地下空间开发建设单项法规建设发展迅速。如：与城市地下铁道开发建设的法律有大正8年的《地方铁道法》和大正10年的《轨道法》；与地下立体交叉工程建设相关的立法有1952年的《道路法》；与地下停车场建设相关的立法有《停车场法》；与地下街开发建设相关的法规建设始于1966年，1973年由中央政府的5个省厅联合制定颁布实施了《关于地下街的控制》通知，1974年颁布实施了《关于地下街规划建设与管理的基本方针》，进一步规范大规模地下街开发建设与管理行为；与共同沟开发建设相关的立法建设有1963年颁布实施的《共同沟建设特别措施法》；与地下电力设施开发建设相关的法律有《电气事业法》；与下水道开发建设相关的法律有《下水道法》；与地下水利设施开发建设相关的法律有《河川法》《特定多目的水坝法》《工业用水法》等。

3）与地下空间开发建设和使用安全相关的法规建设

①《建筑基准法》规定了地下街、地下停车场、地下仓库、地下车站等地下建筑物的结构、构造和设备安全的相关内容；

②《建筑基准法》《道路交通法》《道路法》《劳动安全卫生法》等法规中进一步规定了地下空间开发建设工程施工安全的相关内容；

③《消防法》《石油联合生产企业安全法》《大规模地震对策特别措施法》等法规进一步规定了地下空间设施为防止灾害事故发生及应急处置的相关安全规章。

4）与地下空间开发建设的土地利用相关的法规建设

①《民法》规定了土地的所有权；

②《河川法》《道路法》《海岸法》等法律规定了地下公共设施的管理权；

③《都市规划法》《农地法》《公有水面填埋法》等法律中规定了地下空间开发建设的土地利用限制条款；

④《森林法》《自然环境保护法》《自然公园法》《砂防法》等法律中进一步明确了地下空间开发建设的限制条款；

⑤《矿业法》《采石法》等法律中进一步明确了地下空间开发建设中的特别权利；

⑥《国土利用法》中进一步明确了地下空间开发建设中土地买卖行为的限制条款。

5）与地下空间开发建设投融资相关的配套辅助法规建设

《道路整备紧急措施法》《交通安全设施事业紧急措置法》《符合交通空间整备事业制度要纲》等法规中进一步规定了地下空间开发利用的建设费用辅助、融资制度等相关内容条款。

6）与地下空间设施维护管理的相关法规建设

这方面的法律法规主要涉及以下几个方面：

①在《确保建筑物卫生环境相关法律》中增加相关规定条款；

②在《电气事业法》中增设相关规定条款；

③在《煤气事业法》中增设相关规定条款；

④在《热供给事业法》中增设相关规定条款；

⑤在《石油管线事业法》中增设相关规定条款；

⑥在《共同沟特别措施法》中设定相关规定条款；

⑦在《停车场法》中设定相关规定条款；

⑧在《噪声控制法》中增设地下空间开发建设工程施工现场噪声、振动等限制条款的相关规定条款。

7）与地下空间开发建设使用管理的综合性法规建设

日本城市地下空间开发利用的快速发展，已经相当充分地开发利用了城市公共用地尤其是道路广场和建筑物下的浅中层（地表以下40m内）地下空间资源。面对近未来城市可持续发展进程中地下空间的大量需求，如何有效开发利用私有土地下深层空间资源为城市的公共福利事业服务，从法律上倡导“私地公用的理念”和保障“私地私用的深度范围和权利”；同时，保障私有土地无偿提供给国家和城市公共事业使用，急需建立新的法规。经过多年的研究和探讨，日本国会于2000年5月26日颁布了《大深度地下公共使用特别措施法》（法律第87号），这是一部涉及城市地下空间开发利用的综合性法律。该法的颁布实施标志着日本城市地下空间资源开发利用的政府管理法制化体系基本健全，日本成为世界上地下空间法制化建设最先进的国家。与管理法制化同步建设的是从中央政府到地方政府统一设立专门管理机构，履行法律赋予的职责，开展城市地下空间开发利用相关事务的综合管理与协调。

第三章　城市地下空间设计研究

（一）设计体系研究

1.地下空间设计体系

（1）地下空间设计的基本原则

1）综合利用

地下空间开发利用应注重地上、地下协调发展，地下空间在功能上应混合开发、复合利用，提高空间效率。

2）连通整合

高效的地下空间在于相互连通，形成网络和体系，应对规划和现有地下空间进行系统整合，方便联络，合理分类，地下公共空间、交通集散空间和地铁车站相互连通，提高使用效率，依法统一管理。

3）以轨道交通为基础、以城市公共中心为重点进行布局

以地铁网络为地下空间开发利用的骨架，以地铁线为地下空间开发利用的发展轴、线、环、点，以地铁站为地下空间开发利用的发展源，形成依托地铁线网、以城市公共中心为重点建立的地下空间体系。

4）分层开发与分步实施

将地下空间开发利用的功能置于不同的竖向开发层次，充分利用地层深度。在现阶段，科学利用浅层空间，作为近期建设和主要城市功能布置的重点；积极拓展中层空间；统筹规划次深层和深层空间。

（2）地下空间设计的资源综合评价

1）地下空间资源评估内涵

地下空间资源属于城市的自然资源，对地下空间资源进行评估是城市规划

设计中新出现的自然条件和城市建设适建性评价的延伸和发展，即对地下空间建设的自然条件与土地资源适建性进行评价。同时与地面条件不同的是，地下空间开发在某些城市重点发展片区及建设规模高需求区更有其特别的价值，并非城市所有区位都具有开发地下空间的需求，因此地下空间资源评估还包含从社会经济角度对其开发价值进行评定。从上述两方面综合考虑，地下空间资源评估表现为开发条件的可行程度与开发潜力的综合评估，包含数量和质量两方面内容。

2）地下空间资源评估层次

地下空间资源开发受两类因素影响：①工程地质和水文地质条件、地面建设现状及空间管制等制约因素，是影响和制约地下空间开发利用的重要因素；②地面区位及土地使用性质等潜在价值因素，地下空间的开发利用有可能影响其价值的提升。地下空间资源开发利用的综合价值体现为上述两方面的综合评估，具体体系如图3-1所示。

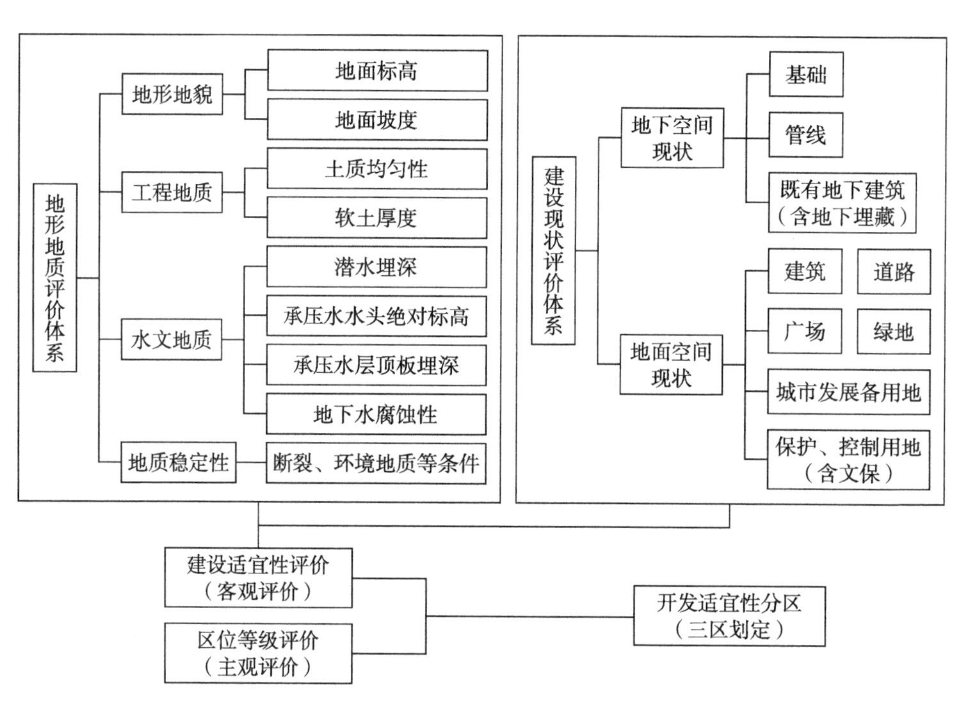

图3-1　地下空间综合评价要素与流程

3）地下空间资源评估要素与方法

①地下空间适建性评价要素

岩土工程地质条件；水文地质条件；不良地质条件；生态敏感性要素；

现状建筑空间限制要素。

②地下空间社会经济需求性评价要素

区位条件评价；用地功能需求性评价；规划建设强度条件评价（人口、土地、交通、市政公用设施）；地面空间限制条件评价（城市空间限制、用地限制）；社会经济发展对地下空间需求度的综合评价。

（3）地下空间设计中的需求预测

地下空间规划设计是否科学合理，最本质的衡量要素是能否结合发展实际，科学预测城市发展的需求，准确把握地下空间开发利用的主导方向是地下空间设计的最基础的前提与出发点。

城市地下空间设计必须从城市自身需求入手，解决城市切实发展问题，但不是以地下空间开发解决所有城市问题，而必须配合城市地面空间的规划与发展建设，补充、完善、拓展并引导地面空间开发和建设容量平衡，从而实现上、下部空间协调和谐发展。

把握地下空间近中期及长远开发利用的主导方向和发展策略，是统筹制订地下空间开发利用规划前提和基础，也是编制实施地下空间规划设计及指导建议的依据。在规划编制阶段应对基础性问题进行更加准确的把握，才能正确指导地下空间资源的合理开发实践。

（4）地下空间设计中的空间管制

地下空间管制是城市规划空间管制在地下空间开发利用中的沿袭，是根据地下空间资源基础评价与需求预测分析，确定地下空间开发重点及一般性管制区、分区确定管制措施与导则的重要依据，使地下空间开发能够因地制宜、符合实际并具有可操作性。

地下空间设计中，将针对规划区发展定位、用地特点、建设实际，结合对规划区地下空间的基础资源评价与需求预测，将规划区地下空间资源划分为不同管制分区，并针对不同分区城市发展对地下空间的需求，制定不同分区的地下空间管制导则，以利于突出地下空间开发重点，同时便于地下空间的开发利用管理。

地下空间管制也对地下空间设施布局具有重要作用。地下空间规划设计中，对地下空间管制的内容也是重要的理论研究内容。

根据对地下空间设计的实践与理解，建议在现有编制体系中增加地下空间管制的环节，合理划分地下空间管制分区，建立资源的管控与预留机制，对远期轨道交通走廊及大型市政管廊、交通走廊道路下资源，对轨道交通沿线对城市及地下空间的拉动提升带，以及对轨道交通站点区域重点辐射提升区的地上和地下空间资源进行严格管控，其开发功能、强度、连通要求、接口预留、与远期设施的竖向衔接及整合关系，都以图则的形式进行落实，确保资源管制的力度及分期衔接的可行性；同时，也便于与地面规划的空间管制接轨，便于城市规划管理。

（5）地下空间设计中的目标与策略

建立可操作的地下空间规划设计目标体系，是地下空间设计的一项难点。地下空间设计目标制定是否合理，关系到地下空间设计方案是否能顺利实施。

地下空间设计目标的合理性，需充分建立在规划区城市建设现状、地下空间现状、资源基础评价、需求预测、空间管制的基础上，需要达到充分结合规划区实际。同时，地下空间设计目标，除定性表述目标以外，还需要一定的量化目标体系，以便更直观、更实际地指导地下空间开发。量化目标体系的制订，是建立在地下空间设计重点环节的量化分析评价基础上，再提炼成为设计目标值。因此具有相当的难度。再次，地下空间的规划建设发展不是同一时期就能实现，需根据不同的发展阶段，制订不同的设计目标体系。因此，目标体系的制订还需充分结合发展阶段。

地下空间设计中应在以下四方面建立地下空间设计的目标体系，并作为规划设计重点、攻坚难点及理论重点。

1）地下空间总体发展目标体系建立；

2）地下交通、市政公用、公共服务、防灾等分项设施发展目标体系建立；

3）地下空间分区发展目标体系建立；

4）地下空间分期发展目标体系建立。

（6）地下空间设计中的竖向设计

我国城市地下空间的开发在取得长足发展的同时，由于缺乏对城市地下空间竖向分层等相关问题的研究，特别是一些地下空间的开发利用因为缺少相应的长远需求规划，在地下空间中所处的位置没有合理地进行布局，从而导致地下空间设施相冲突的矛盾屡有发生。一些先建的地下设施随意占用了一部分地下空间资源，使得后建的地下设施一旦与之发生冲突，就只能往更深的方向发展，造成不必要的资金浪费和开发困难。因此在进行地下空间开发利用的同时，有必要对其竖向布局进行分析研究，使地下空间的开发能够按照相应设施的功能以及所处的地域进行有层次的开发，充分保护地下空间资源。

1）道路地下空间

在道路地下安排市政管线、地铁、综合管廊、地下道路以及地下过街道和下立交等设施是合理的。但是道路的地下空间资源有限，容纳如此多的地下设施需要一定的规划指引，不能盲目地乱加开发。如果道路地下空间开发的功能合理，深度适当，将会使城市道路在城市的发展过程中发挥更大的作用。结合各类地下设施的特点、开发的时序以及设施的重要性，在竖向层次对其进行划分。

2）广场地下空间

广场地下适宜安排下沉式广场、地下步行道、地下商业设施、地铁、地下停车场以及一些大型的地下变电设施、地下水库等。结合各类地下设施的特点，对其在广场地下进行一个竖向层次的划分。

3）绿地地下空间

通过开发绿地地下空间，一方面可以在地面上形成环境优美、生态良好的绿化空间；另一方面可以提供交通设施、商业、娱乐设施，仓储设施、防灾设施等设施空间，充分发挥绿地的作用。

绿地地下空间开发重点用于停车、商业、文化娱乐、仓储、变电站、地下水库等公用公益设施。

（7）地下空间设计中的分项设计

1）地下交通设施设计

①强化地下空间综合利用的交通改善效益

城市交通是城市功能中最活跃的因素，是城市和谐发展的最关键问题。地下空间作为拓展空间、改善城市功能的有效途径，应充分发挥在改善城市交通民生问题上的积极作用，积极探索构建城市上下一体的立体交通体系，补充静态交通设施空间，提升地面交通环境。

地下空间设计中将重点对地下空间在提升规划区交通效益中的积极作用进行深入分析，并以此为指导把规划区地下交通设施设计作为重点研判内容，将地下空间开发综合治理城市交通、提升城市交通整体效率作为首要重点，并对重点地区内探索地下空间开发促进动态交通立体分流、构建人行及车行网络系统的模式，减少不同性质交通流的彼此干扰，并进行整体交通容量的部分地下化转移，以提升地面交通环境品质及整体交通效率。同时，加强对静态交通网络化的研究及实践，对轨道交通站域地区及交通枢纽地区的地下交通设施综合开发。

②强化轨道交通预留管控及车站地区地下空间综合利用

地下空间设计中，应将对轨道交通的预留管控、轨道交通沿线及车站地区对地下空间的带动提升统筹管制，以及轨道交通车站周边地下空间的综合开发利用作为重点内容。

③强化研究地上地下结合的城市立体交通体系

城市立体交通体系是以轨道交通枢纽为核心的地上地下一体化空间体系。地上地下一体化空间体系由城市中心区交通节点区域范围内地上公共空间、地上地下过渡空间和地下公共空间三大部分组成。

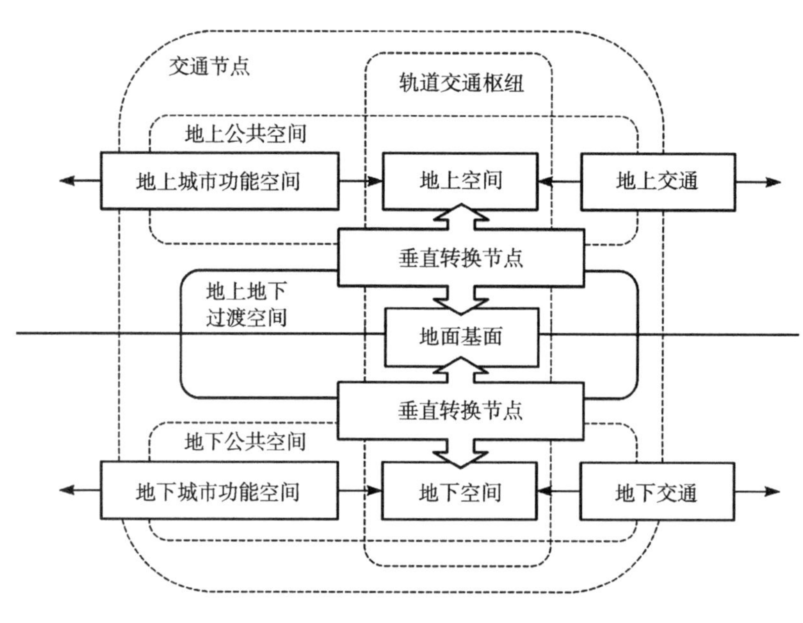

图 3-2　地上地下一体化空间体系模型

结合轨道交通建设进行的土地开挖，通过立体化设计进行商业空间的开发，一体化地统筹安排施工建设，在节约巨大经济成本的同时将对市民正常生活的影响降到最低，成为城市地下空间立体化开发的新趋势；通过地下空间的立体化开发，实现城市空间与环境之间的和谐发展。

在城市交通立体化时代到来之际，结合城市的综合发展定位，确立地下空间开发的资源地位，以政策化、市场化等手段实现城市地下空间的立体化开发，成为城市结构性调整和未来空间的发展方向，具有十分重要的理论和现实意义。

④强化研究城市地下静态交通系统的网络化设计

相对在道路上行驶的车辆，停车称为静态交通。经济的发展促进了汽车业的飞跃，原有的道路已不能满足城市交通增长的需求。人们对出行的要求越来越高，私家车大量涌现，城市用地资源紧张，“停车难”逐渐成为人们关注的焦点和热点问题。

地下静态交通空间的主要形式是地下停车场，由于修建地下停车场可以附设商业等其他公共设施，既能减少停车设施的投资，又能促进公共设施的建立，对缓和地面交通，解决停车问题，提高城市社会、经济、环境效益和方便市民生活等方面起到重要作用，因而开发和利用地下空间来解决城市静态交通问题逐渐成为各国大中城市采用的主要手段之一。

结合地下空间建设，按照“科学、有序、统一、高效”的原则，大力发展地下停车系统，保证地下停车与公共交通、地铁站合理衔接换乘；同时，注重地下停车与周边商业、建筑的相互连通，中心城区以地下公共停车为主，外围新城采取地下公共停车与配建停车相结合的方式，从根本上缓解停车供需矛盾，实现城市地下交通效益最大化。

交通枢纽地区，以地铁车站的开发建设为基础，以地下步行系统和地下道路系统为纽带，统筹考虑地面交通与地下交通，有序衔接静态交通与动态交通，形成网络化地下交通系统，构建立体化交通城市。

2）地下公共服务设施设计

地下公共空间是城市公共空间的重要组成部分和拓展延伸。从权属角度划分，地下公共空间包含公共权属用地地下空间，以及非公权属用地下须向公众开放和使用的地下空间；从使用功能角度划分，地下公共空间包括公共交通空间、公共服务设施空间等。规划对提供公共服务功能的地下空间设施，主要包括地下商业设施、地下文娱体育设施、下沉广场及开敞空间、地下空间综合体（商业类）等，提出设计方案，结合地区公共活动特点，合理组织规划区的地下公共性活动空间，建立完善的地下公共活动系统。

地下空间设计应对地下公共服务设施空间的建设适宜性进行论证。作为地下空间开发利用中的经营性（或收益性）功能设施，地下公共服务设施的开发具备先决动因，但同时也需要更加严格的统筹管控以避免无序开发。

3）地下市政公用设施设计

地下市政设施可分为地下综合管廊系统和地下市政场站两大类型。市政基础设施地下化是一项专项规划，除了要考虑地面市政设施规划外，还应充分考虑结合城市道路交通、绿地以及广场的规划进行建设。城市道路更新与修建为市政管线的地下化敷设创造了条件，尤其是沿道路两侧绿带的开发更为城市开发利用地下综合管廊等市政设施的地下化发展提供了广阔的空间，也必将成为未来城市建设和发展的趋势和潮流。

4）地下综合防灾设施设计

城市综合防灾是地上、地下有机联系的整体，大量的地下空间必然是城市综合防灾的一个重要组成部分，城市要想保证灾难到来时有足够的安全避难空间、救护场所和疏散通道，就必须要充分有效地开发利用地下空间。

城市地下空间利用的内容和范围十分广泛，主要是以预防战争等自然或人为的极端灾害为对象，因此，我国城市的防灾是按战时用途，将地下空间的利用分为防护工程、地下空间兼顾防护要求的工程和普通地下空间。

地下空间平时的开发利用是为了满足经济的发展和人民生活的需要。通常分为六类：地下交通空间、地下商业文娱空间、地下公共服务设施空间、地下基础设施空间、生产经营空间和仓储物流空间。结合灾害类型对城市的威胁程度，地下空间按其灾时的用途又可分为四类：避难空间、疏散空间、救援空间和仓储空间。

5）地下空间系统整合设计

地下空间的综合化开发，要求地下空间分项功能系统内部各设施之间及系统之间进行有机整合，以便更加高效、集约化地利用地下空间资源。地下空间利用中应加强地下交通系统内部的设施整合设计、地下市政公用设施系统内部的整合设计，以及地下交通系统与地下市政管廊系统、地下防空防灾系统之间的整合，表现在竖向协调、功能复合、建设整合、时序衔接等多个方面，突破以往地下空间分项设施各自规划建设的模式，以使一次开发的地下空间资源能够高效利用，是地下空间开发中的重点及难点。

地下空间规划中，除对地下空间各分项系统设施进行科学规划外，还将重点探索地下空间各系统设施之间的高效、整合开发，以利于资源向更集约的模式去利用，使地下空间系统能发挥更高效率和更大效能。

地下空间系统整合规划也逐步成为地下空间规划的重要理论创新点。

（8）地下空间设计的管控体系

地下空间控制性详细规划中，应科学合理确定公共性地下空间利用与非公共性地下空间利用的规划控制指标体系，包括规定性控制与引导性控制两类。重点强化对公共性地下空间资源的管控、强化地下空间公益性功能的开发，并围绕此两项内容强化规划控制指标体系的制订。

目前，国内有部分省市对地下空间控制性规划体系进行了初探。但仍然须结合规划区的实际情况，在地下空间规划控制指标体系方面进行创新，摸索更加符合规划区的规划控制指标，以便于与城区城市建设与管理要求进行有效衔接，实现规划的价值与效益。

地下空间规划设计理论应在以下环节建立管制指标体系，并作为设计重点攻坚难点：

①地下空间建设容量平衡管制指标；

②地下交通、市政公用、公共服务、防灾等专项设施的建设管制指标；

③地下公共空间的图则管制控制指标；

④地下非公共空间的图则管制控制指标；

⑤地下空间衔接与整合的图则管制控制指标。

（9）地下空间设计中的分期衔接

重点片区地下空间综合开发，宜形成整体统筹、连片成网的地下空间利用模式，但这种规模化的发展建设模式，往往不是同一个时期建设完成的，需要在编制重点地区的地下空间规划设计时既有远景整体把控，又要制订合理的分期衔接方式，使地下空间开发利用形成“可持续生长的”健康发展模式。

地下空间设计在重点片区设计方案的编制中，须对地下空间发展趋势做准确定位与把握，合理制定近、远期建设的衔接方式，做好资源预留与连接预留，做好近期建设设施与远期设施在竖向、平面上的协调，落实片区远期建设整体把控，明确分期管制措施，尤其是对远期资源的预留管控、地下空间开发与轨道交通的分期衔接、重点地区的地下空间大系统的分期实施衔接，都是地下空间设计的难点。

2. 地下空间规划编制体系

地下空间的编制一般可以分为地下空间开发利用的总体规划、专项规划、详细规划几个层次。其中结合各层次的不同需求，编制不同深度要求的地上地下结合的城市设计。

（1）地下空间开发利用总体规划

地下空间开发利用总体规划，主要研究解决规划区地下空间开发利用的指导思想与依据原则、发展需求与规划目标，并以此为基础分析评价规划区地下空间的资源潜力与管控区划，研究确定地下空间开发利用的总体布局与分项功能设施系统的规划与整合，以及近期重点开发利用片区与项目的规划指引。

该层次规划编制的内容体系主要包括以下相关内容。

1）规划背景及规划基本目的

对规划编制的背景及基本目的进行研究分析，明确规划编制的要求和意义。

2）现状分析及相关规划解读

对规划区地下空间使用现状进行调查，作为地下空间规划编制的基本出发点，使规划编制更符合规划区发展实际，解决实际问题。

对规划地区城市总体规划、综合交通规划、城市各专项规划进行分析解读，挖掘上位规划及相关规划对地下空间的要求及总体指导，剖析地下空间在解决城市问题方面对既有地面规划的补充思路，作为地下空间规划的基本出发点。

3）地下空间资源基础适宜性评价

地下空间资源属于城市自然资源，对地下空间资源进行评估是城市规划中新出现的自然条件和开发建设适建性评价的延伸和发展，即对地下空间开发利用的自然条件与空间资源的适建性进行评价。

4）地下空间需求预测

对规划区地下空间的开发需求功能进行预测，并在确定功能的基础上，对分项功能进行规模预测。

5）地下空间发展条件综合评价

对规划区地下空间发展条件进行综合评价，评价内容包括现状建设基础、自然条件基础、经济基础、社会基础及重大基础设计建设带动效益等多个方面。

6）地下空间规划目标、发展模式与发展策略制定

在深入调研地下空间建设现状、进行地下空间资源评估、预测地下空间开发规模的基础上，制定符合规划区实际发展的地下空间开发目标及发展策略，建立规划发展目标指标体系，形成可操作的目标价值体系，并制定分期、分区、重点突出的发展战略。

7）地下空间管制区划及分区管制措施

制定规划区地下空间管制区划，编制相应地下空间开发利用的管控导则，针对不同管制分区，不同性质与权属的地下空间类型，提出因地制宜、符合实际的管制措施。

8）地下空间总体发展结构及布局

紧密结合上位规划、规划区发展总体布局和城市空间的三维特征，在地下空间发展目标与策略的指导下，确定规划区地下空间的总部发展结构、发展强度区划、空间管制区划、总体布局形态及竖向分层。

9）地下空间总体竖向分层

通过地下空间总体发展结构及布局的研究，结合规划区近、中、远期的发展需求，提出规划区地下空间总体竖向分层。

10）地下空间分项功能设施系统规划与整合

①地下空间交通设施系统规划

包括地下轨道交通、地下公共车行通道、地下人行系统、地下静态交通、地上地下交通衔接规划、竖向交通规划以及其他地下交通设施和地下交通场站规划，制定地下交通的各项技术指标要求，划定重大地下交通设施建设控制范围。

②地下空间市政公用系统规划

规划应从市政公用设施的适度地下化和集约化角度，在对城市市政基础设施宏观发展现状深入调研的基础上，结合规划区建设发展实际，统筹安排各项市政管线设施在地下的空间布局，研究确定规划区地下空间给水排水、通风和空调系统、供电及照明系统等布局方案，展开对部分基础设施地下化的建设需求性、建设可行性、具体功能设施规划、设施可维护性及综合效益评价等方面的探讨，制订各类设施的建设规模和建设要求，对规划区建设现代化、安全、高效的市政基础设施体系提供全新、可行的发展思路。

③地下公共服务设施系统规划

规划应认清地下公共服务设施不是地下空间开发利用的必需性基础设施，其开发主要依托交通设施带来客流，并完善交通设施，承担客流疏散与设施连通等交通功能。非兼顾公益性功能的地下商业开发需谨慎论证。同时，开发建成的地下公共服务设施要有良好的导向性及舒适的内部环境。

规划应结合规划区发展实际，在充分调研城市地下商业开发及投资市场活跃度的基础上，系统分析规划区发展地下公共服务设施的必备条件，并结合规划区主要商业中心及交通枢纽，论证地下公共服务设施的选址可行性，同时分析开发规模，并对运营管理提出保障措施。

④地下人防及防灾系统规划

规划应以城市及规划区综合防灾系统建设现状为宏观背景，探索规划出地下空间防空防灾设施与城市防灾系统的结合点，根据城市人防工程建设要求，预测规划区地下人防工程需求，合理安排各类人防工程设施规划布局，制定各类设施建设规模和建设要求，系统提出人防工程设施、地下空间防灾设施与城市应急避难及综合防灾设施的结合发展模式、规划布局以及建设可行性，并对提高地下空间内部防灾性能提出建议和措施。

11）地下空间生态环境保护规划

规划应从地下水环境、振动、噪声、大气环境、环境风险、施工弃土、辐射、城市绿化等方面，对地下空间开发利用对区域生态环境的影响方式、影响程度进行定量或定性分析，客观评价地下空间开发利用对城市大气环境质量和绿化系统的积极改善作用，同时对可能引起的各种环境污染提出规划阶段的减缓措施和建议。

12）地下空间近期建设规划

结合城市近期建设计划，确定规划区地下空间近期发展重点地区及近期重点建设设施。

13）地下空间规划实施保障机制

规划应结合目前国内地下空间开发投融资实践中的典型做法与热点问题进行评析，并结合规划区地下空间开发的实际特点，从政策保障机制、法律保障机制、规划保障机制、开发机制和管理机制等方面提出规划区地下空间开发实施具体机制和政策建议，确定地下公共空间的建设、运营和管理及产权归属等重大问题。

（2）地下空间开发利用专项规划

地下空间开发利用专项规划包括以下主要内容。

1）地下空间开发利用现状分析与评价

从地下空间开发利用位置、数量、功能、深度等进行分析评价。

2）地下空间资源调查与评估

掌握地下空间资源规模与容量，对其开发规模、开发深度、开发价值、发展目标以及技术、经济的可行性、地质条件等进行评估，为制订地下空间开发利用规划提供基础数据和科学依据。

3）地下空间需求分析与预测

从社会经济发展要求、人均国内生产总值（GDP）水平、城市空间发展形态、城市功能布局优化等角度，分析对地下空间的需求并对地下空间需求量进行预测，科学合理地确定地下空间需求量。

4）规划目标

近期、远期和远景规划目标应根据各城市社会经济发展状况及城市建设情况确定；近期规划重点以地下交通设施、地下人防工程为主，适当兼顾平战结合的地下公共服务设施等为目标；远期规划以建设地下综合体、提高土地利用效率、扩大城市空间容量、缓解城市各种矛盾、建立城市安全保障体系为主要目标；远景规划以全面实现城市基础设施地下化、提高城市生活质量、改善城市环境质量、建立地下城为目标。

5）地下空间总体布局规划

主要包括地下空间管制、平面布局、竖向利用和功能布局等内容。

6）各类地下设施规划

主要包括地下公共服务设施、地下交通设施、地下市政设施、地下工业设施、地下仓储设施及地下综合体等。

7）地下人防工程规划

主要包括人防自建工程、结建工程和兼顾工程。提出各类人防工程的配建标准及建设要求，明确地下空间兼顾人防要求及地下人防工程平战结合的重点项目。

8）地下空间防灾及灾时利用规划

地下空间防灾规划主要包括防火、防水、防震和防高温，提出各类防灾规划要求及规划措施，明确地下空间灾（战）时利用规模、用途及容量等。

9）地下空间近期建设与建设时序

地下空间近期建设规划应与城市近期建设规划相结合，针对城市近期存在的各类问题，提出地下空间近期建设目标、重点建设区域和重点建设项目，并进行初步投资估算，明确实施近期地下空间建设项目的政策保障措施。

10）规划实施保障措施

研究制定从规划、开发、建设、管理等地下空间开发利用的法律法规和制度政策，加强统一规划管理，会同有关部门建立相关鼓励机制和地下空间数据库系统，积极引导多元化的地下空间投融资开发模式。

（3）地下空间开发利用详细规划

对地下空间总体规划确定的地下空间开发重点片区，研究编制地下空间开发利用控制性详细规划。根据地下空间开发利用总体规划确定的发展策略及规划要求，对公共性质地下空间开发及非公共性质地下空间开发提出规定性及引导性控制要求，并对各项地下空间分项系统设施确定规划布局，划定开发建设控制线，明确开发强度、开发功能与建设规模、出入口布局、连通口布局与预留等控制要求；对重要节点片区各设施建设时序、分期连通措施等提出控制要求。

该层次规划编制的内容体系主要包括以下内容。

1）上位规划（地下空间总体规划、专项规划）要求解读

对规划区上位地下空间总体规划、专项规划进行分析解读，挖掘上位规划中对规划区地下空间的要求及总体指导，梳理地下空间发展需求及重点

2）重点地区地下空间设施规划

重点地区地下空间总体布局及分项系统布局规划。

3）地下空间规划控制技术体系

明确公共性地下空间及非公共性地下空间的规定性与引导性要求。

4）地下空间使用功能及强度控制

确定规划区地下空间开发利用的功能及对各类地下空间的开发进行强度控制。

5）地下空间建筑控制

地下空间建筑控制包括地下空间平面建筑控制和地下空间竖向建筑控制。

6）地下空间分项设施控制

地下空间分项设施控制包括各分项设施规模、地下化率、布局、出入口、竖向、连通及整合要求等。重点对地下车行及人行连通系统、地下公共服务设施、综合管廊、公共防灾工程等设施提出控制要求。

7）绿地、广场地下空间开发控制

对绿地、广场的地下空间根据使用功能、开发强度的需求进行开发控制。

8）地下空间规划控制导则

根据规划控制指标体系制订规划区地下空间开发利用管制导则，包括：地

下空间使用功能、强度和容量，地下空间的公共交通组织，地下空间出入口，地下空间高程，地下公共空间的管制，地下公共服务设施、公共交通设施和市政公用设施管制等，并对规划区的控规进行校核和调整，制订管理单元层面的地下空间开发控制导则。

9）分期建设时序控制

结合地下空间功能系统开发建设的特点，提出规划区地下空间开发的分期建设及时序控制。

10）法定图则绘制

绘制体现规划区内各开发地块地下空间开发利用与建设的各类控制性指标和控制要求的图则。

11）重要节点深化

对交通枢纽节点、核心公建片区、公共绿地、公园地下综合体等节点进行深化。重点对节点地下空间的城市设计、动态及静态交通组织、防灾（含消防、人防）设计引导，以及分层布局、竖向设计、衔接口、出入口及开敞空间等，并对建设方式、工法、工程安全措施进行说明，测算技术经济指标及投资估算。

（4）地下空间开发利用城市设计

以地下空间高效集约化发展为目标，城市地下空间总体设计的展开能够辅助地下空间总体规划的研究和指导下一阶段地下空间的规划。这也是使我国地下空间的发展能够更好发挥其后发优势的途径之一。

1）核心内容

对于城市地下空间总体设计的核心内容重点抓住以下四个关系展开。

①地下空间的空间发展形态与地下空间发展规划发展规模的关系，辅助规模和近远期开发的确定。

②地下空间功能系统与地上空间功能系统的关系，确定地下空间的发展结构，包括城市功能系统和城市自然生态系统。

③地下空间设计与地域文化现状的关系，确定地下空间开发的城市特性。

④地下空间设计与城市行为的关系，确定地下空间开发利用节点的功能与规模。

梳理好这四大关系，能够在一定程度上完善地下空间在宏观层面的规划设计，对中观微观层面的地下空间开发利用更有实际的指导意义。

2）核心目的

地下空间总体设计的核心目的是地上、地下开发的统一协调。总体城市设计要处理的三大关系：①城市与自然环境的关系；②整合城市内部功能区的关系；③把握空间发展近期与远期关系。这一阶段的地下空间总体设计就是在总体城市设计的内容中加入对地下空间关系的思考。

3）研究对象

地下空间总体设计的研究对象主要是：特大城市的地下空间开发核心区，旧城地下空间开发核心区，新城核心区。

4）运作机制

地下空间总体设计的运作机制如图3-3所示。

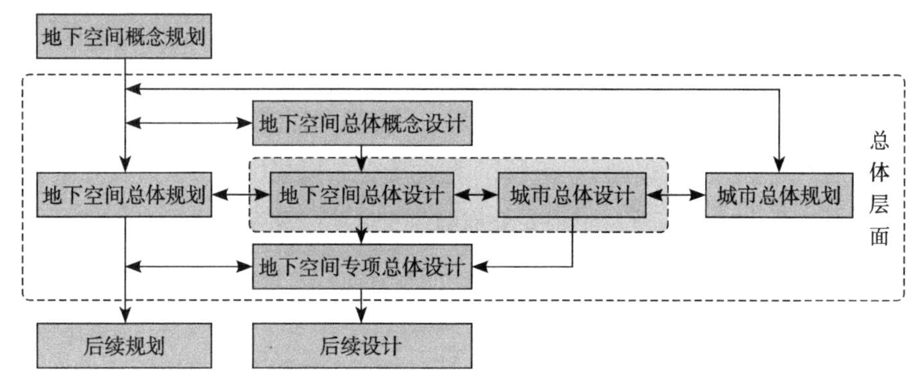

图3-3　地下空间总体设计运作机制

（5）地下空间概念性规划设计

地下空间概念性规划设计是指介于发展规划和建设规划之间的一种新的提法，它更不受现实条件的约束，而比较倾向于勾勒在最佳状态下能达到的理想蓝图。它强调思路的创新性、前瞻性和指导性。

地下空间概念规划设计共包含了序言、规划目标及原则、规划布局、专项系统规划导则、近中期建设重点、工作推进建议六部分。

（二）设计理念研究

1.地下空间规划设计理论

（1）国内学者及其代表理论成果

1988年，束昱、陈立道和张东山结合上海市康健住宅小区人防及地下空间开发利用的规划编制工作，创造性地研究和提出了一套“城市发展对地下空间需求的发展预测理论和实用方法”，并成功地指导应用于规划编制实践。

1989年，王伟强在同济大学进行硕士论文研究阶段，在陶松龄和束昱两位教授的指导下，就城市地下空间开发利用的“形态模式”以及“与GDP的相关度”进行了开创性研究，并取得了可喜研究成果，后被广泛引用。

1993年，吕小泉在同济大学攻读博士学位时，在侯学渊和束昱指导下曾用系统动力学和对应场理论等科学方法，研究并揭开了城市地上与地下和谐协调的对应关系，为城市功能地下化转移比例提供科学依据。

1997年，王璇在同济大学完成的博士论文中，在侯学渊和束昱指导下有关城市地下空间开发利用的“功能模式、形式布局、规划设计的原则与方法”等方面进行了系统研究，对推进地下空间规划的理论研究和应用具有显著作用。

2002年，束昱结合多年研究和国内十余项规划编制实践的基础上，归纳总结了国内外的相关研究成果，系统地提出了城市地下空间规划的编制内容与实用技法。

2005年，陈志龙创造性地提出了用生态学理论来研究分析地下空间的开发利用，并建立了生态地下空间的需求预测理论和方法；束昱基于和谐社会发展与地下空间开发利用相互关系的研究，尝试构建了“地下空间发展和谐需求预测”的理论体系。生态发展观与“和谐”本质理念的引入，是近年我国地下空间规划理念的重大革新与突破。

2006年，陈志龙、童林旭等在多年地下空间规划实践的基础上，尝试性建立了地下空间控制性详细规划的理论体系和控制性指标体系，为我国近年来大规模开展城市和地区的地下空间规划实践提供了及时、有效的指导。

2006年至今，为适应我国地下空间开发利用空前的发展规模与力度，地下空间规划的理论研究更加快了步伐，加大了广度与深度，不同专业领域的规划技术人员与行政部门的管理人员也参与到规划理论的研究中，“和谐”与“可持续发展”的理念在实践中得到强化，“博弈论”等经济学原理的引入，数字化、信息化及低碳、集约、智慧、互联网等技术的引进与应用，推动着规划理论在市场经济、信息化时代及建设节约型社会背景下的不断革新。

（2）国外研究成果与趋势

过去几十年中，虽然国外许多大城市在地下空间的开发利用取得了很大的成效，积累不少经验，但除加拿大外多数是在没有整个城市地下空间发展规划的情况下进行的。通常的做法是，当城市某一个区域需要进行再开发时，经过较长时间的准备和论证，在此基础上制定详尽的再开发规划。这些规划的特点是同时考虑地面、地上、地下空间的协调发展，即实行立体化的再开发，综合解决交通、市政、商业、服务、居住等问题，整体上实现现代化的改造。

在欧洲最早开始开发利用地下空间的是法国，巴黎拉·德方斯的“双层城市”是代表性建筑。这个现代化的新城把城市的地下空间设计、建设得十分清晰，把轨道交通、街道和停车场全部放在地下，地面只保留绿地、公共活动空间、喷泉广场等一些景观设施。建筑物设有多层地下室，各种设备和设施都放在地下。城市道路的下部空间建成共同沟（综合管廊），将城市生命线铺设其中，真正实现了“双层城市”的构想。

在巴黎的另一个特色地下建筑是市中心的中央商场改建。由于城市的不断进步，使城市中心广场的活力下降，经济萎靡。规划中有两条轨道交通线路将通过此地，利用轨道交通建设机会进行了大规模的再开发，将商业、步行街等都移入地下空间，留出地面用于开发绿地和广场；开发建设四层地下空间和大型下沉式广场，从外观上融合现代、近代和古代城市风貌，达到和谐统一的效果，这对于传统城市历史风貌的保护也是非常有益的尝试。

美国形成了一种具有先导性和创新性的城市建设方式：当城市发展到某一规模时，城市的地上空间将会对城市的发展形成某种程度的约束，这时的处理措施是将其拆除，转而建设地下空间。20世纪70年代，波士顿为缓解城市交通压力，在市中心建造了一段高架桥。但随着城市的不断发展，高架桥的优势不断缩小，而其缺点却越来越凸显：阻碍了城市的发展活力，使得房地产开发受到影响，人口越来越少，逐渐成为“空洞”。这时市政府果断地采取措施，把高架桥转到地下，并与周围建筑连接，形成通道，而地上空间则用来绿化，从而恢复了这一中心区的活力。

日本是亚洲东部的一个群岛国家，由于国土狭窄，土地空间资源十分稀缺，因此十分重视城市地下空间的综合利用，并且形成了鲜明特色的地下空间开发利用的日本模式。在地下轨道交通、地下商业街、地下基础设施以及其他利用地下空间的建设等方面，取得了非常显著的成就。除了建设方面，日本在编制相关地下空间法规方面的发展也很成熟。从1980年开始，日本对地下50m深度范围内的空间进行研究和探索。2001年，颁布并实施了《大深度地下空间使用特别措施法》，其规定把私有土地的地下50m以下的空间使用权无偿提供给公共事业使用。这是一个重大的进步，这部法规把私有土地的地下空间使用权公有化。日本曾因为私有土地地下空间使用权的问题，导致几条地铁的修建拖延了十几年。我国可充分研究并合理借鉴这部法规，对地下空间所有权的问题通过法律法规及时明确。

2.城市地下空间设计理念

（1）城市发展立体化

城市地下空间是城市空间的一部分，城市地下空间是为城市服务的，因此要使城市地下空间规划科学合理，就必须充分考虑地上和地下的关系，发挥地下空间的优势和特点，使地下空间与地上空间形成一个整体，共同为城市服务。

（2）城市发展资源节约化

我国城市化和工业化的快速发展，对土地需求日益增加，使得耕地面积持续减少，对粮食安全构成很大威胁，大部分城市都面临土地资源紧缺而城市发展又急需大量土地的矛盾，作为调控空间资源的城市规划与城市土地利用有着直接的关系。城市要综合利用土地，土地资源节约化要向地下要空间，充分发挥地下空间资源潜力，在不扩大或少扩大城市用地的前提下，改善地面空间，进而改善城市环境。

（3）城市发展环境友好化

环境友好型城市是人与自然和谐发展的城市，通过人与自然的和谐发展促进人与人、人与社会的和谐。随着社会和经济的不断发展，环境的质量必将受到越来越多的重视。从环境质量要求的角度来看，地下空间的利用对改善地面环境起着重要作用。

（4）城市发展集约高效化

城市的本质是聚集而不是扩散，城市的一切功能和设施都是为了加强集约化和提高服务效率。城市的集约化就是不断挖掘自身发展潜力的过程，是城市发展从初始阶段向高级阶段过渡的历史进程。城市的集约化并不是无止境的，城市空间的容量也是有限的。城市地下空间具有很大的容量，可为城市提供充足的后备空间资源，如果得到合理开发，必将产生难以估量的经济和社会效益，并在很大程度上加强城市的集聚效应。

（5）城市发展安全化

城市安全是城市居民生命、财富、进行各种生活与生产活动的基本保障。

随着经济社会发展，城市所聚集的人口、财富迅速增长，城市安全的重要程度日趋突出，人们对城市安全的要求日益强烈。城市安全涉及面广，影响因素多，是一个错综复杂的系统工程。城市安全主要体现在城市防灾、治安、防卫等三大方面。危害城市安全的因素众多，主要归类为自然灾害、人为灾害、袭击破坏等三大类。

在未来立体化城市建设过程中，有效开发利用城市空间资源，提高空间质量，增强城市防灾抗毁能力，实现城市人口、资源、环境协调发展。充分合理利用城市地下空间资源，建设立体化发展的生态城市。

（6）城市发展低碳化

地下空间的开发利用，有利于土地资源节约和集约化利用，有利于促进上下部空间建设容量平衡，有利于促进交通、市政、公共、防灾等主要功能系统协调和谐发展，从而提高城市整体运行效率，长远推进城市低碳化、生态化发展。

（7）城市发展可持续化

地下空间的开发应合理安排时序，建设与开发过程中重视环境效益；高效、集约化利用竖向空间，重视地下空间系统及设施的整合建设；统筹地下空间规划，预留与建设一次到位。实现地下空间开发的可持续发展。

3.城市地下空间规划设计理念结合

（1）地下空间设计与城市综合防灾相结合

在城市综合防灾规划的指导下，探索地下空间防空、防灾设施与城市防灾系统的结合点，系统分析地下空间防灾设施与城市综合防灾设施的结合发展模式、规划布局以及建设的可行性，并总结地下空间规划与城市综合防灾规划的综合编制体系，是我国地下空间规划在理念上的进步。

城市综合防灾规划与地下空间规划的结合点主要有以下方面。

1）地下空间规划与城市应急避难场所规划相结合

城市应急避难场所规划中分为中长期避难场所规划、临时避难场所规划、紧急避难场所规划，分别结合大型城市绿地、公园规划中长期避难所，结合沿河公共绿带、大型广场、专类公园规划临时避难场所和结合社区公园、居住区公园、居住小区绿地建设紧急避难场所。地下空间规划主要结合城市中长期避难场所进行。

地下空间与应急避难场所结合，可以解决地面应急避难场所防灾配套设施空间不足以及地面场地条件不适宜建设的情况，而将一些配套救灾物资及设施配置于地下空间。如地面是大型公共绿地广场等对环境景观有较高要求的区位，在平时无灾害时是供市民生活休闲的重要城市公共空间，因此结合公共绿地广场，建设地下空间防灾设施，预留防灾物资储备空间，不影响地面城市功能的正常发挥。

同时，地下空间具有比地面空间更好的防灾掩蔽效果，对一些严酷自然灾害，高危人群采用地下空间进行掩蔽。大型地下防灾空间为实现平时利用功能，一般结合地下公共空间综合体进行设置，即实现了地下空间平时使用规划与灾时规划，与城市应急避难场所规划相结合。

2）地下空间设计与城市抗震相结合

城市抗震规划，主要针对建设用地地震破坏和不利地形、地震次生灾害、其他重大灾害等可能对城市基础设施及重要建（构）筑物等产生严重影响的因素进行评价，用作防灾据点的建筑尚应进行单体抗震性能评价，确定避震疏散场所和避震疏散主通道的选址、建设、维护和管理要求。

城市规划新增建设区域或对老城区进行较大面积改造时，应对避震疏散场所用地和避震疏散通道提出规划要求。新建城区应根据需要规划建设一定数量的防灾据点和防灾公园。在进行避震疏散规划时，一般充分利用城市的绿地和广场作为避震疏散场所；明确设置防灾据点和防灾公园的规划建设要求，改善避震疏散条件。

城市地下公共防灾工程一般也选址于城市公共绿地、广场等区域，容易结合城市避震规划场所进行规划设置。同时在主要的避震疏散通道上，不宜采用过街天桥、上跨立交、高架道路等地上立体交通设施，一旦坍塌堵塞疏散通道，对城市救灾极为不利，因此结合主要的避震疏散通道，宜主要考虑地下化立体交通设施。

3）地下空间设计与城市消防相结合

地下空间对于外部发生的各种灾害都具有较强的防护能力。但是，对于发生在地下空间内部的灾害，特别像火灾、爆炸等，要比在地面上危险得多，防护的难度也大得多，这是由地下空间比较封闭的特点所决定的。相比地面建筑，地下空间灾情更重，受灾面大、升温快且温度高，消防始终是地下空间发展的羁绊之一。而地下空间一旦开发利用，地层结构不可能恢复原状，已建的地下设施将影响到周边地区的使用，一旦陷入混乱会导致巨大的经济损失。

目前地下空间利用已处于快速发展阶段，但是对地下空间火灾的防治处置还缺乏足够的经验，随着地下空间的大规模利用，这将对目前城市消防的理念与方法带来新的挑战。

应加强地下空间规划与城市消防规划的衔接，强化对地下空间建设的指导，完善地下空间的防灾设计，使地下空间的建设得以有序发展，形成科学合理的地下空间网络体系。

4）地下空间设计与城市防洪相结合

我国地下空间开发和地下空间规划编制起步较晚，实际经验和数据较少。加之近几年环境形势严峻，恶劣天气所形成的自然灾害不断增加，所以城市防洪规划对城市地下空间安全具有重要意义。科学编制城市地下空间规划需要综合考虑各方面因素，要充分考虑地下空间的防涝、防洪功能，结合城市防洪规划，从防洪规划原则、防洪规划标准及城市防洪体系确定等方面，详细阐述城市防洪规划编制过程中需要考虑的主要因素。城市防洪规划原则中要强调城市防洪规划与流域规划、城市规划、排水规划及地下空间规划的相互协调关系。

对于地下空间的防洪设计，应注意以下几个方面的研究。

①应当提对高防涝防洪的重视，建立预警系统，使处于地下空间的人们及时了解地面情况，一旦地面发生可能造成地下空间危险的强降雨，人们可以按照最有效的逃生线路离开。

②完善防洪标准。目前颁布的防洪标准中，交通设施部分未将地下空间的内容列入。大部分地下空间在设计过程中采用的是地表防洪规范，而地表空间与地下空间结构等方面的差异性，使地表防洪规范不一定适用于地下空间。为使得今后地铁建设时对防洪设计有章可循，应结合当地的水位变化规律和发展趋势，完善现有的防洪标准。

③在建设新地下轨道交通线路的同时，兼顾修缮原有设施。进入地下空间的洪水主要通过各落水槽排出，而调查显示，几乎所有楼梯下的落水槽都发生堵塞、淤积甚至被填埋的情况，这已经不是地铁站厅内保洁工人定期清理可以解决的问题，需要及时彻底地处理，以保证其排水速度和排水量。另外，对于长期未曾使用的防汛墙板，也要在汛期前做好质量检查工作，保证紧急情况时其正常功能的发挥。

④尽快完善防洪设施的建设，保证地下空间的防洪安全。

⑤积极开展地下空间的洪水淹没研究。通过建立相应的数学模型和物理模

型，研究洪水进入地下空间后的扩散机理，模拟其动态行为，为地下空间的防洪设计和洪水淹没后的人员逃生救援设计提供科学依据。

（2）能源环境战略与地下空间设计

随着中国经济持续快速增长，人民生活水平不断提高，能源环境战略的问题成为中国政府和社会各界普遍关注的热点问题。提高能源利用效率、控制污染物排放、改善环境质量是建设资源节约型和环境友好型城市的重要内容。因此，在城市总体规划乃至地下空间布局规划中，能源环境战略应该占有相当重要的位置。

城市是能源消耗的主要载体，低碳能源系统是一种基于可再生能源、未利用能源和分布式能源的系统，目标是实现传统能源体系的低碳化转变，构建低碳乃至无碳的能源系统。

在城市地下空间规划中对于城市的能源供给，应充分考虑减少碳排放、统筹能源消耗和节能环保要求、统筹城乡能源供应、统筹常规能源和新能源及可再生能源的发展。在城市地下空间的建设过程中，应尽量避免对城市的水文、大气和土壤产生影响，在地下轨道交通的建设中，采用错峰用电、蓄冷节能、地源热泵等节能技术。

（3）低碳城市与地下空间设计

1）地下空间对“低碳城市”建设的促进

①“拓展空间”对低碳城市建设的促进

“拓展空间”是指通过开发利用地下空间实现城市部分功能的地下化转移，在实现城市土地空间资源开发利用最大化的同时，有效解决城市土地紧缺、交通拥挤、环境污染、安全防灾等城市问题。如地铁、道路隧道、地下车库、地下通道、地下商业街、地下人防工程、地下仓储、地下市政综合管廊、地下变配电站、地下科研及文化娱乐场馆等多种多样功能性地下空间设施，可有效促进城市地上与地下的协调和谐，提高了城市运营的效率、效能、效益和城市防灾抗毁能力，改善了城市地面人居环境品质。这种开发利用是“低碳城市”建设最有效的途径之一。

②“渣土利用”对低碳城市建设的促进

“渣土利用”是一种资源的再利用行为。地下空间开发过程中产生的大量渣土也是一种利用价值极高的资源，最直接的利用就是用作建筑材料。根据记载，法国巴黎自12世纪开始，通过开挖地表以下的石材用作地面的建筑材料，而其形成的地下空间又成为城市发展进程中的地下交通、市政、防灾、仓储设施空间。现代城市中的市政综合管廊（共同沟）最早起源于1843年巴黎政府启用的开挖石材形成的地下废弃矿穴。这种双向开发利用行为，完全符合现代的“低碳经济”理论。

③“能源利用”对低碳城市建设的促进

根据测量和计算，地表以下的地层由于受来自地面太阳辐射、气候变化及地层深处高温地热的双向影响，地层中蕴藏着巨大的能源。这种能源是一种生态型能源，可循环开发利用。如通过开发利用地层中高温地热进行发电和供暖，比燃煤发电成本低得多；通过利用地（水）源热泵技术提取地层中的低温地热，夏天用作供冷，冬天用作供热，实际功效很高，运营成本低，长期效益好，而且可以减少大量碳排放，已经成为绿色建筑节能减排首选低碳技术之一。地下空间开发利用中的“能源利用”必将在“低碳城市”建设中得到更广泛地应用与推广。

2)“低碳城市”理论指导下的地下空间设计思路

①地下交通功能设施规划应是“低碳城市”规划建设的首选

自1863年英国伦敦第一条地铁建成使用以来，目前世界上已经有100余座大城市建成了地铁，地铁交通的最大特点是大运量、低能耗、安全、准点、便捷、舒适，占用城市地面用地极少，对地面环境影响较少。与此同时，地铁的规划建设带动了沿线土地和房产的开发建设，形成了新的城市带和城市节点，加速了地铁车站周边地区的城市高层化、地下化和立体化。因此，现代地铁及轨道交通的规划建设被誉为：城市再生和发展的发动机，城市地下空间开发利用的催化剂，城市立体化、集约化、地下化、紧凑型的最有效技术途径。笔者认为：大力发展城市地铁及轨道交通设施是“低碳城市”绿色交通体系建设中的首选系统。与此同时，应大力开发建设地下停车、有序发展地下道路和地下公共步道，以及与地铁车站直接相连的地下公共步道、商业、停车、综合管廊等整合在一体的地下综合体等设施。

②大力推进生命线系统管线的综合和集约化规划

城市的能源流、水源流、信息流主要依赖市政管线。这些管线都是城市安全高效运营的生命线系统，传统的方式是各自铺设在道路地下或高空架设，一方面严重浪费道路地下空间资源和严重影响城市景观；另一方面存在严重安全隐患。1843年，法国巴黎开始利用废旧矿穴建设城市下水道，并在下水道的上部空间铺设上水、电力、通信等管线，不仅可以有效保护管线的安全，同时可以在城市发展进程中进行管线的更新和增减，满足城市的可持续发展。这种实践的成功，已经被世界许多城市效仿，尤其是日本，已经发展成为体系完整的共同沟（综合管廊）系统。实现地下市政管线的综合和集约，大大节省了道路地下空间资源，避免了城市道路的反复开挖，提高了道路使用寿命，提高了城市生命线系统的安全度。这种道路地下空间开发利用与生命线管线的集约化模式也是“低碳城市”建设优选技术之一。与此同步的，还应有序发展地下变配电站、地下污水、垃圾处理再生设施。

③推进地下新能源开发及地下能源设施规划

近年来发展起来的地下新能源设施主要包括地热能源的开发利用和能源的地下化存储设施。尤其应大力发展低温地热利用技术和设施，开发利用生态型地能。它一方面可以为地下空间设施自身服务；同时，也可以为地面建筑的能源供给和节能减排以及地面建筑地下空间设施的余热回收处理再利用创造有利条件。国外大量实践证明，太阳能、热能、冷能、电能、气能等绿色能源的地下化存储，也能更加安全、更加节约用地、更加节约运营成本、更能体现“低碳化”。

④推进地下防空防灾设施规划

我国现代城市地下空间开发利用的发展源于人防工程，在经历了“防空、战备、平战结合、与城市建设相结合、两防一体化”的发展过程，至20世纪90年代中期，人防工程的规划建设已经渗透到城市地下空间开发利用的主体领域，尤其是促进了建筑物地下空间利用及防空地下室的大规模开发利用，加速了建筑物地上地下功能的匹配与和谐，加速了城市的立体化、集约化和紧凑化。与此同时，对于城市地铁赋予了防空防灾的功能配置，提高了该系统在突发灾害时发挥更好的疏散和掩蔽功效。这种双重功能设置的地下空间开发利用已经形成了我国特色的城市地下空间发展模式。这种模式在“低碳城市”规划建设进程中依然可以很好地发挥积极作用。因此，我们认为“低碳城市”规划建设中应继续大力发展地下防空、防灾设施。

⑤有序推进地下仓储和物流设施规划

人们在实践中发现物品存储在地下库房内具有许多优点，如恒温、恒湿、隐蔽、封闭、安全、防灾、直接占用地面土地很少等。由此，经过近现代城市的不断创造发展，已经形成了许多地下仓储的新类型，如地下物资库、食品库、机械库、油库、水库、气库、热能库、冷库、核废料库、武器弹药库等。英国伦敦和荷兰鹿特丹等地还发展了地下物流系统，其成功的实践，为城市解决地面拥挤、物品安全、降低能耗、提高效率和效益提供了存储方式的新选择。

这种城市仓储功能设施的地下化转移完全符合“低碳经济”；另外，从我国城市人均用地水平来看，与国外发达国家相比属于低水平，城市属“紧凑型”。因此，在“低碳城市”规划建设中根据我国城市特点适度发展地下仓储和物流设施，让更多的地面空间、阳光和绿地还原给市民，这也是“城市，让生活更美好”的优先选择。

（4）智慧城市与地下空间设计

目前，国内一些城市正在探索建设智慧城市与建设城市地下空间之间的内在联系。从智慧城市的实质属性延续上，智慧城市代表着城市整体运行效率的提高以及人们生活的便捷性与舒适性的提高，可以缓解因过快的城市进程而带来的一些问题。

而城市地下空间在缓解城市发展矛盾、提升城市人均生活质量、促进城市基础功能设施系统方面，同样具有有效的作用。地下空间是一项重要的城市基础设施资源空间，地下基础设施，如城市排水、污水处理等工程设施，都是关乎重大的民工程，也是建设智慧城市的重要内容。

近年来出现的“地下智慧”的概念，即是由地下管线数字化管理中心专门收集地下空间使用的基础信息，用以保护城市地下资源的科学规划、合理利用和本质安全。打造城市“地下智慧”，也是我国一些城市正在实施和拟实施的目标规划。

作为城市“生命线”的地下管线，全国每年因施工或老化而引发的管线事故所造成的直接经济损失达50亿元。进行市政管线的集约化发展与维护，也是建设智慧城市的重要内容。而将管线进行集约化发展的综合管廊设施，近年来也越来越被不少城市所接受。地下市政设施的规划是地下空间规划的重要组成部分，运用建设智慧城市的理念来指导城市地下空间规划的编制，将成为我国今后地下空间规划设计的理论发展方向。

（5）大深度城市地下空间设计

1）大深度地下开发与国土用地结构变革理念

东京围绕着大改造构想，首先由学者、企业家、政府机构等提出了以大深度地下空间实现用地结构变革的构想。可归纳成以下几类。

①大深度地下铁道构想，该构想的概念即在大深度的地下空间内建造一套“埋深在-60～-40m范围地下车站间距6km”的快速、高效、安全运输系统，并与构筑在浅层、中层的交通设施连成网络，以解决城市的客运交通问题。

②大深度水道管网构想，该构想的概念即在大城市和深层空间内构筑一套水道网，在网内设置地下配水池，并充分利用构成网络的送、配水管系统连接地面净水厂、配水池，构筑成一套城市用水、循环再生及排水系统。

③大深度地下通信设施构想，该构想的概念主要包括两大系统：邮寄物的地下输送系统和通信设施的地下化系统。

④大深度地下空间开发技术构想，该构想的概念即研究开发在大都市的软弱地层中开挖直径超50m，高度大于30m的大型穹顶空间的构筑技术，以及地下环境控制与防灾等利用技术。

2）地底综合开发构想

地底综合开发构想由日本国家科学技术厅提出，该构想的主要特点是按不同的深度分为“地下（-100m以内）”和“地底（-100m以上）”的多种开发利用构想。

①地表以下50m以内，重点建设地下街、地下停车场、市内交通隧道、城市供给处理设施、污水处理厂、大型植物工厂、大型粉碎机室，使用炸药的材料制造工厂、超高速列车、超高压装配工厂、生物工厂研究中心、计算机中心等设施。

②地表以下100m以内，重点建设大型结构实验室、微型磁悬浮真空列车、下水污泥处理工场、细菌培养基地、超电导能源贮藏设施等。

③地表以下1000m以内，可用作综合地震预报系统、无重量实验、原子核研究、中微子通信基地、封闭环境实验、重要物资贮藏设施的建设。

④地表以下1000m深，可用作“抛物运动”等地球科学技术研究、资源开发等设施的建设。

3）大直径干线共同沟构想

该构想是在东京都内及港湾地区的地下70m左右，建设一套直径大于14m的干线共同沟，将东京国内外的物流、信息流、能源全部纳入该系统，对东京地区进行大改造，以满足21世纪发展的需要。

4）大深度大空间构想

大深度地下空间的优点首先是受地震影响较小，如果是坚硬的岩石地层，地下40m的地方地震的影响只是地面的1/10，而且深层地下遭受火灾和爆炸的可能性也比较小。

为了开发更大的地下空间和提高对地下空间的有效利用，东京地区以地下40～80m以下的地层为利用重点。这一地层岩体坚固，地下水也不多，可以建成较大的地下空间。神户目前就正在计划建造大深度地下仓库和蓄水池，用于防灾救灾，东京也在计划建造用于防灾的地下储藏室。大深度地下空间可以长年保持15～20℃的恒温，很适合于建造加工精密仪器、仪表厂。

（三）设计方法研究

1.地下空间设计条件分析评价方法

基础专项技术工作具体包括基础资料的收集及发展预测。基础性资料包括：对已开发的地下工程和尚未开发利用的地下空间资源进行地质与水文条件、地形条件、气候条件、地上城市建设现状、地下空间利用现状、城市总体规划、城市各专项规划、城市详细规划、城市地下空间开发利用的民意调查等。基础性资料的收集、整理、调查研究是一切规划工作的前提和关键，是规划科学与否的保障。在对地上地下的基础性资料进行完整解读的基础上，可以对城市地下空间资源的容量进行统计；同时，通过城市地下空间需求预测模型的建立和分析，对城市地下空间的需求进行预测，为规划奠定基础。

2.地下空间资源综合评估方法体系

地下空间是城市的自然资源，对地下空间资源进行评估是城市规划中新出现的自然条件和城市建设适建性评价的延伸和发展，即对地下空间建设的自然条件与土地资源适建性评价，表现为开发条件的可行程度与开发潜力的综合评估。

地下空间资源开发利用的适宜性受两类因素影响：第一类是受基础自然条件的影响和制约，另一类是受地面空间利用状况和已利用的地下空间现状的影响和制约。地下空间资源的综合质量是自然条件与社会经济需求条件的总体反映。

（1）基于自然条件的地下空间适宜性评价指标体系

地下空间自然条件评价要素集包含：地形地貌、地质构造、岩土体条件、水文地质条件、不良地质及地质灾害几类。对每类要素进行提炼整理，分别形成相应的评价指标，构成基于自然条件的地下空间适宜性评价指标体系（图3-4）。

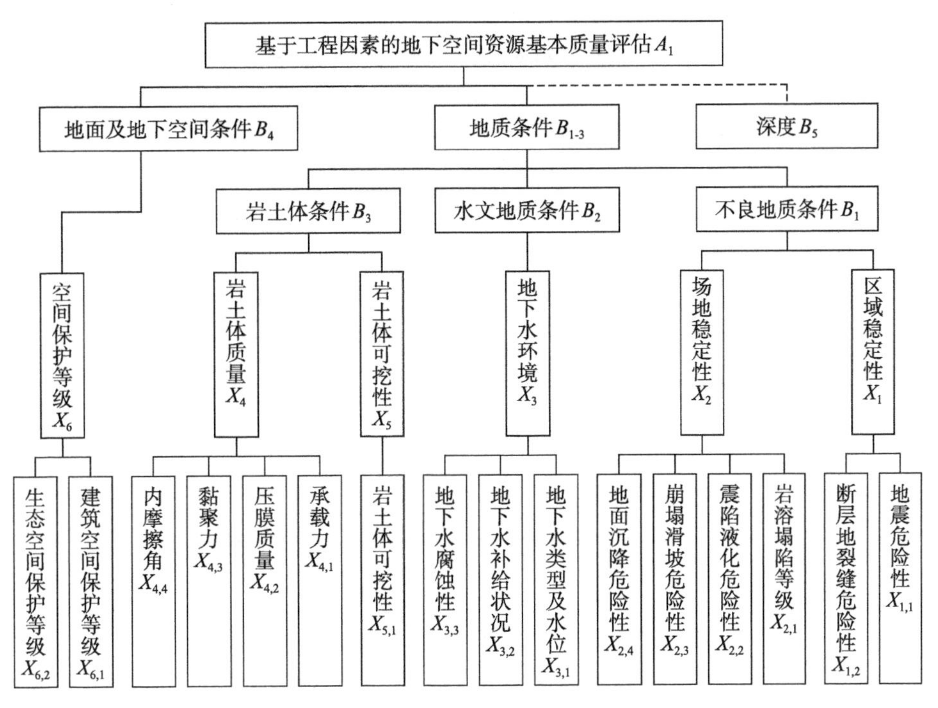

图3-4　地下空间自然条件评价指标体系

（2）基于社会经济条件的地下空间适宜性评价指标体系

地下空间社会经济评价要素集包含：城市及地下空间利用现状、城市人口密度、交通状况、土地利用状况、市政及防灾设施状况、历史文化保护、城市空间管制等。对每类要素进行提炼整理，分别形成相应的评价指标，构成基于社会经济条件的地下空间适宜性评价指标体系（表3-1）。

基于社会经济条件的地下空间评价指标体系　　表3-1

目标指标层	准则指标层	一级指标	二级指标
社会经济条件	利用现状	地下埋藏物	地下埋藏物分布及深度影响
		现状地下空间	建筑物基础分布及深度影响
			地下空间设施分布及深度影响

续表

目标指标层	准则指标层	一级指标	二级指标
社会经济条件	人口状况	常住人口	常住人口密度
		流动人口	流动人口密度
	交通状况	交通区位	交通节点类型
			距交通节点距离
		动态交通	平均车行速度
			公共交通分担比例
		静态交通	停车设施与机动车比例
	土地状况	用地性质	用地性质
		土地资源	基准地价等级
	市政设施	市政管线	市政管线密度
	防灾设施	城市防灾	人均防护面积
	历史文化保护	名城	名城保护
		保护区	保护区保护
		文物单体	文物单体保护
	城市空间管制	平面管制	城市四线管制区
		竖向管制	限高控制

（3）地下空间资源综合质量评价体系

地下空间资源综合质量，是由基本质量评价结果和潜在价值评估结果根据权重参数进行求和的综合指标，用以度量地下空间资源在自然条件、工程条件和社会经济需求条件下的总体价值或适用性质量等级。综合质量与基本质量和潜在价值的层次结构见图3-5。

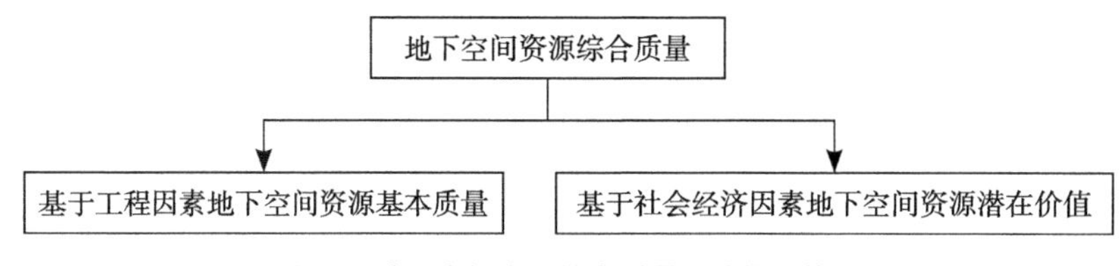

图3-5　地下空间资源综合质量评价指标体系

3.地下空间的需求预测方法

地下空间开发利用的规模与城市发展对地下空间的预测量有关。地下空间预测量取决于城市发展规模、社会经济发展水平、城市的空间布局、人们的活动方式、信息等科学技术水平、自然地理条件、法律法规和政策等多种因素。

（1）分功能预测法

1）核心内容

一般来说，城市地下空间开发包括交通系统、公共设施、居住设施、市政公用设施系统、工业设施、能源及物资储备系统、防灾与防护设施系统等功能空间。其中，地下交通系统又包括地下的轨道交通系统、道路系统、停车系统、人行系统和物流系统等。而地下公共设施则包括地下的商业、公共建筑等。地下公共建筑的功能性质包括行政办公、文化娱乐体育、医疗卫生、教育科研等，如办公、医院、学校、图书馆、科研中心、实验室、档案馆、运动中心、游泳馆、展览馆、博物馆、艺术中心等。地下市政公用设施系统则包括地下的供水系统、供电系统、燃气系统、供热系统、通信系统、排水系统、固体废弃物排除与处理系统等。

根据不同城市或城市不同地区的特点，预测出其地下空间开发的特点和功能类型，再分别预测出地下交通、地下公用设施、地下市政基础设施等的分项需求，加总求和得出总规模。并与预测得出的地下空间开发需求总量相对照，互为校验。

其计算公式为

$S_{d总}=S_{di}\quad i=1，2，\cdots，n$

式中 $S_{d总}$——第d阶段地下空间开发需求总量；

S_{di}——第d阶段某一地下空间功能的需求量；

n——总的地下空间动能类别项数。

2）方法评析

该方法考虑的地下空间影响因素还是很充分的，但地下空间的需求总量只是一个简单的求和，未考虑因素与因素之间的相互关系，且这种关系性是非线性的，不能用简单的数学公式来表达；同时该方法可操作性较差，难以真正结合城市发展的真实需要。

（2）分系统单项指标标定法

该系统的合理思路是基于单系统划分，对各系统分别进行需求预测，再对各系统需求量求和，即可得到城市地下空间的总体需求量。对单系统的需求预测，使用数学模型最为直接有效，此时可采用单项指标标定法，针对各系统的需求机理，选用合适的需求强度指标作为预测模型的参数。基于这一思路，提出分系统的城市地下空间需求预测框架体系。

在指标与预测模型设计方面，指标是直接作为单系统预测模型参数，该方法中各单系统指标如下：居住区地下空间可采用人均地下空间需求量作为指标；公共设施、广场和绿地、工业仓储区均可采用地下空间开发强度（地下空间开发面积与用地面积的比值）作为指标；轨道交通、地下公共停车系统、地下道路及综合隧道系统、防空防灾系统、地下战略储库均有相关规划前提，必须根据相关规划指标估算。

（3）基于“和谐”本质理念的地下空间需求预测方法

束昱在2006年提出的基于城市和谐发展对地下空间资源开发利用的需求预测理论，是基于建设“资源节约型、环境友好型和谐社会”的基本国策和发展目标，运用城市社会、经济、规划、建设与管理科学、城市生态与环境科学、城市地下空间资源学、系统动力学和对应场理论、预测学等多种科学的理论与方法，在充分吸纳既有研究成果的基础上，通过从“城市社会经济环境生态的和谐协调发展、城市和谐协调发展与地下空间、城市地下空间的和谐协调发展”三个方面和层次，对城市和谐发展与地下空间资源开发利用之间关系的系统分析和论述，创造性提出了城市地下空间资源“和谐需求预测”的系统理论思想和预测方法体系；进而在“和谐需求预测”理论的基本框架内依据全面系统性、和谐协调性、可操作性、重点性等原则，从城市总体发展和局部区域发展两个层次，分别对地下空间的功能类型和开发规模进行需求预测的系统理论和方法体系，并提出了具体的实用需求预测方法。

“和谐”理论阐明了城市地下空间开发的本质是实现人与社会、人与自然之间的真正和谐，从而从“和谐”本质理念入手分析地下空间需求问题，并提出“需求预测不仅仅要解决城市某个时间节点对地下空间资源开发利用总量的需求预测，还要通过预测来回答城市和谐协调与可持续发展对地下空间功能类型的需求和开发形态的需求”，完善了地下空间需求预测的理论体系，即从功能类型、建设规模量和建设形态三方面对地下空间开发进行预测控制，回答了“地下空间要开发什么，要开发多少，要怎样开发”的问题，同时提出分功能、分系统预测地下空间的开发规模量，并从城市系统的高度出发，由条件、动因及经验三方面建立指标，对地下空间需求预测理论问题的研究具有重要的启示作用。“和谐”需求预测的指标体系见图3-6。

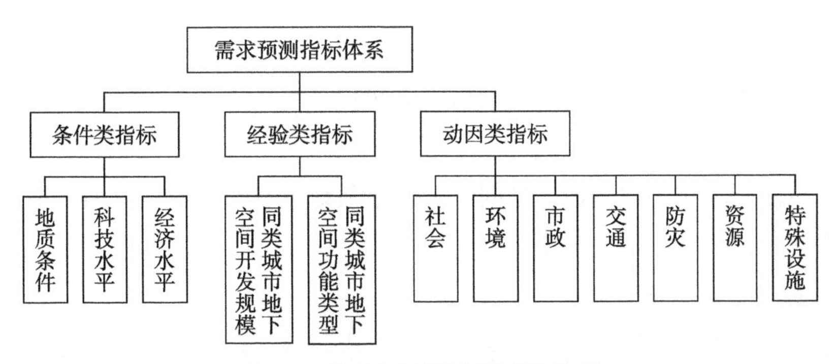

图3-6 “和谐”需求预测的指标体系

4.地下空间管制及导则制定方法体系

（1）空间管制分区

地下空间管制，是城市空间管制在地下空间开发利用管理方面的延伸。针对城市不同区域位置的地下空间开发，制定不同的管制措施，以利于因地制宜地利用地下空间，使地下空间的开发符合城市发展的实际需要。

按照城市空间管制的基本分区概念，将地下空间开发从总体上划分为四类区域，分别为：地下空间禁止建设区、地下空间限制建设区、地下空间适宜建设区和地下空间已建设区。

1）地下空间禁止建设区

确定自然生态保护区核心区、一级水源保护区、生态湿地保护区、生态农业保护区、局部不良地质区，地下文物埋藏区，国家级、省、市级文物保护单位，部分城市特殊用地，作为地下空间禁止建设区。

2）地下空间限制建设区

确定一般性山体林地、一般性水体、城市近期发展备用地，作为地下空间限制建设区。

3）地下空间适宜建设区

除禁止建设区、限制建设区以外的大部分地区，均为地下空间适宜建设区。内部划分为四类管制分区，从一类到四类管制严格程度依次降低。

4）地下空间已建设区

已经进行地下空间开发利用的区域。

（2）空间管制导则

针对地下空间不同管制分区，提出管制导则，便于对地下空间开发利用的管理。

1）地下空间禁止建设区

区内原则禁止地下空间的开发利用活动。

2）地下空间限制建设区

区内原则禁止大规模地下空间开发，单项地下空间设施建设须严格进行环境地质条件评价及制定工程安全措施。

3）地下空间一类管制区

①对静态停车设施的地下化建设进行严格控制；配建停车平均地下化比率不低于80%，公共停车平均地下化比率不低于40%。

②对动态交通设施的地下化建设进行引导性控制。

③对轨道交通沿线双侧200m范围、轨道交通车站周边500m范围，划定轨道交通统筹开发控制区，区内地下空间资源进行严格控制，并与轨道交通做好接口预留。

④对新建市政厂站设施及环卫设施的地下化建设进行严格控制；对已建市政厂站设施改造进行引导性控制。

⑤引导开发兼备交通功能的地下公共服务设施，对非兼顾交通功能的地下公共服务设施开发进行严格控制。

⑥对结建指标进行严格控制，并积极引导开发公共人防工程。

⑦积极引导地下空间互连互通式发展，建设地下人行及车行连通道设施或预留接口。

⑧对远景重大轨道交通、地下道路、综合管廊设施选址道路下地下空间资源开发进行严格控制，先期开发其他地下设施时需进行与远期设施协调建设的技术论证。对城市公共绿地广场下空间资源开发进行严格控制。

⑨须制定地下空间控制性详细规划，并绘制法定图则。

4）地下空间二类管制区

①对静态停车设施的地下化建设进行严格控制；配建停车平均地下化比率不低于60%，公共停车平均地下化比率不低于20%。

②对轨道交通沿线双侧200m范围、轨道交通车站周边500m范围，划定轨道交通统筹开发控制区，区内地下空间资源进行严格控制，并与轨道交通做好接口预留。

③引导开发兼备交通功能的地下公共服务设施，对非兼顾交通功能的地下公共服务设施开发进行严格控制。

④对结建指标进行严格控制，并积极引导开发公共人防工程。

⑤对远景重大地下道路、综合管廊设施选址道路下地下空间资源开发进行严格控制，先期开发其他地下设施时需进行与远期设施协调建设的技术论证。对城市公共绿地广场下空间资源开发进行严格控制。

5）地下空间三类管制区

①对静态停车设施的地下化建设进行严格控制；配建停车平均地下化率不低于60%。

②对结建指标进行严格控制，并积极引导开发公共人防工程。

6）地下空间四类管制区

对危险品储藏，重大能源、环卫、有放射性或污染性市政设施，其关键性功能进行地下化建设控制。

5.地下空间规划效益测评方法

城市地下空间的开发利用对发展国民经济、推动社会进步、增强城市整体防护等方面发挥了巨大作用，其对现代化城市所产生的综合效益亦日益明显。

按城市地下空间对社会、经济、环境等城市建设领域所起的作用和贡献，可将其效益划分为社会效益、经济效益、防灾效益（含战备）、环境效益、国土效益五大类，经系统分析和归纳，对城市地下空间的综合效益评价可以建立如图3-7所示的指标体系。

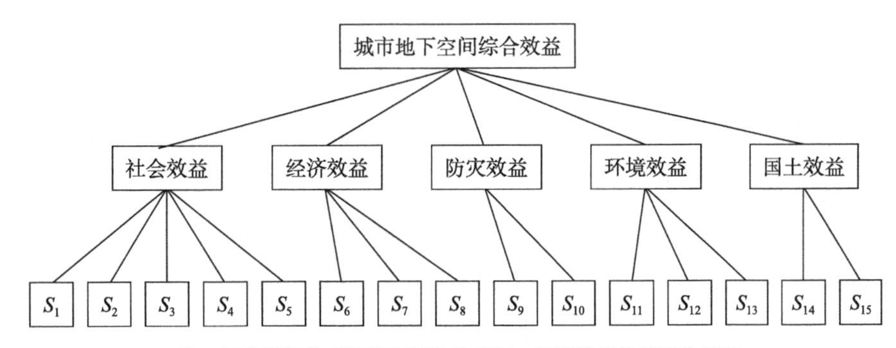

注：评价指标体系可视所评价的范围、类型等具体情况作调整

图3-7　城市地下空间综合效益评价体系

（1）社会效益评价指标

S_1：促进城市的更新与改造程度；

S_2：减少交通事故发生率；

S_3：增加城市商业空间参数；

S_4：节约城市能源；

S_5：增加就业机会人数（人数／万元投资）。

（2）经济效益评价指标

S_6：投资利润率；

S_7：单位面积纯利润（元/m^2）；

S_8：运营管理费率。

（3）防灾效益评价指标

S_9：工程有效待蔽面积；

S_{10}：城市整体抗震效果。

（4）环境效益评价指标

S_{11}：增加绿地面积；

S_{12}：减少环境污染；

S_{13}：改善城市景观。

（5）国土效益评价指标

S_{14}：空间开发度；

S_{15}：新增土地使用量。

6.基于系统工程的分析方法

系统是指由两个或两个以上相互区别、相互联系又相互制约的要素组成的一种具有确定功能的有机综合体，如城市规划系统；一个大的系统常包含几个小的子系统，由于一个系统包含了众多既区别又联系又制约的因素，用传统工程的方法处理问题就无法达到各因素的协调和整体最优方案，得不到预期的效果；因此需要一种更加全面、科学、合理的手段和方法进行规划和决策。系统工程的研究对象是系统，是把多种技术和学科有机地结合在一起的一门学科，其目的是运用系统的理论和方法去分析、规划、设计出新的系统或改造已有的系统，使之达到最优化的目标，并按此目标进行控制和运行。

系统工程=系统观点和方法+传统工程+数学方法+计算机技术

系统工程学理论的基本点就是要求人们对研究对象作完整的、系统的、全面的考察和分析。利用系统工程的方法能有效地克服片面性，把握研究的对象。城市规划和建设中涉及的问题，往往是多因素的复杂系统，系统的优劣是多因素的综合结果。而各因素又常常是互不相容的，如建筑密度高，经济效果好，但同时往往环境质量较差。面对如此复杂的问题，就必须逐渐摆脱单一经济考虑阶段的许多盲目性，自觉地采取科学的解决方法。通过对城市有关大量资料、数据的整理加工，进行系统分析，可以揭示城市各要素的内在联系和发展规律，预测城市的发展，为规划提供科学的依据。

地下空间规划是城市规划重要的组成部分，规划的编制也是一个完整的、复杂的系统过程，充分运用基于系统工程的分析方法，尤其是层次分析法，将复杂的问题分解为若干层次的子系统，在比原问题简单得多的层次上进行分析、比较、量化、排序（单排序），然后再逐级地进行综合（总排序），使地下空间规划更具合理性、科学性。

7.基于实施过程的编制方法

规划编制乃是编制主体针对城市规划过程中已经发生、正在发生和将要发生的问题，收集信息、判断性质、选择方案、制定政策的活动过程，同时，规划编制也是一个不断通过实践来实现规划目标的连续动态的过程，因此，广义的规划编制，是一个以实施为导向的规划编制——实施统一体。

目前，重控制轻实施的规划编制机制，必须要向实施与控制并重、互补的机制转变。而实施型规划的深化，重点又体现在近期建设规划、年度建设规划制度等的完善上，包括提升近期建设规划地位，完善近期建设规划的内容。在滚动编制近期建设规划的同时，进一步通道编制年度建设规划进行细分、深化，以保证实施型规划的完整传递以及与相关部门年度计划的衔接协调。最后，还应将近期建设规划和每年的年度建设规划予以公布，实现规划自身以及社会公众对规划实施情况的监督、反馈。

8.基于城市上下和谐的编制方法

"和谐"在人类发展的不同历史时期被赋予不同的内涵。古希腊、古罗马人认为美即和谐；中国古人则将和谐引申为天人合一的哲学思辨。现代主义以新的方式或形式继承了传统审美与功能理性的和谐原则；后现代主义则将之完全推翻，强调"不和谐之和谐"。其实，无论哪种和谐，都反映着当时人们对事物本身的复杂性与矛盾性的探索与追求。在当前，面对城市这一复杂的巨大系统，"和谐"的地下空间利用规划意味着我们应当本着实践理性、务实求真的态度，以系统整合、多元共生为原则，挖掘地下空间的潜在价值，探索地下空间的发展规律，实践地下空间资源的集约利用，寻找解决城市问题的有效方法，推动我们的城市走向美好的未来。

上下和谐的地下空间规划编制需明确城市地下空间的发展方向，协调地面、地下设施直接的关系，本着上下空间功能对应原则，拓展城市空间容量，改善城市功能和环境，实现城市的可持续发展。

9.基于控制与引导平衡的编制方法

在编制城市控制性详细规划时，应根据总体规划和地下空间专项规划的要求，具体落实规划范围内各类地下设施的规模、平面布局和竖向分层等控制要求；详细规定规划范围内开发地块地下空间开发利用的各项控制指标，包括地下空间建设界线、出入口位置、地下公共通道位置与宽度、地下空间标高等，明确地下空间连通要求和兼顾人防及防灾要求。

地下空间规划编制应注重控制与副导的平衡，控制指标的确定需从强制性指标和引导性指标两个层面中筛选。

（1）强制性指标

①公共性地下空间的使用性质及开发容量；

②地下空间设施控制，包括地下建（构）筑物退界，地下建（构）筑物间距，出入口的方位、间距、数量，地下广场间距，地下空间设施连接高差，地下空间设施层高及连通道净宽等；

③地下空间的连通与预留；

④地下空间的竖向设计；

⑤停车设施地下化率；

⑥市政公用设施平面位置及埋深；

⑦人防工程建设容量、使用性质、平战功能转换；

⑧植被覆土深度。

（2）引导性指标

①非公共地下空间开发容量及使用性质；

②非公共通道及出入口数量、位置；

③地下空间设施出入口形式；

④地下空间环境设计指引。

10.技术手段新方法

（1）地理信息系统（GIS）在地下空间中的应用

地理信息系统（GIS）自诞生至今，其应用领域已由自动制图、资源管理、土地利用，发展到与地理位置相关的水利电力、环境保护、金融保险、地质矿产、交通运输等多个领域。在地下空间领域采用GIS技术和方法解决规划设计、工程管理、地下交通及其相关的问题，与其他传统的方法相比，具有无可比拟的优点，如快速灵活性、客观定量性、强大的分析模拟能力等。

1）辅助城市地下空间的规划设计与工程评估

在地下空间的规划与设计当中，首先建立一个地理数据库，然后可用GIS进行各构筑物的规划、选址等。GIS具有计算机辅助设计的功能，能为设计人员提供车道、交叉路口等的设计工具，为地下空间的优化设计提供方便，大大提高了规划的工作效率，使规划研究人员从繁重的设计工作中解脱出来，将主要精力投入方案的综合比选分析中。同时，GIS可结合虚拟现实技术使方案的筛选、优化显得非常形象、直观，直接用计算机就可对模型图进行各种修改（如各构筑物间位置的布置、规模的大小、埋深的深浅、与既有地下构筑物的连接方式等），且非常简单明了，可提高规划设计的速度和质量。GIS在规划设计中主要解决了信息管理、提供分析工具并满足决策的要求。另外，GIS还能很好地解决项目涉及的地下管线、环境分析等问题。

在城市地下空间的开发中，建设单位要在工程尚未进行施工设计之前，评估该工程是否具有修建的社会价值、经济价值及技术价值，并且要评估该工程完成后的城市景观、工程与环境的协调情况。利用GIS可以直观地表达地下空间建（构）筑物形状、规模及其与地上建（构）筑物的位置关系，更清楚地表示新建地下建（构）筑物与既有地下建（构）筑物（如既有地铁、地下商业街、地下停车场等）的位置及通道连接关系。因此，GIS在地下空间规划设计中的应用有助于辅助进行工程评价，可以使工程设计人员和管理人员对所规划的设计方案建成后的情况在规划设计阶段就有一个形象、直观的了解，为领导决策和设计人员的设计工作创造有利条件。

2）地下空间资源评估

通过对区域的实地调查和资料收集，结合规划区的实际情况，制定分析指标体系，利用ArcGIS和AutoCAD软件，建立多指标数据库并确定各指标的分值，建立评价模型，分析地下空间资源评价结果，最终划定地下空间资源“四区”，以指导地下空间资源可持续开发。

3）在地下空间设施管理中的应用

在地下空间中，基础设施起着重要的作用，它是地下空间建设的基本需要和先决条件。为了随时掌握基础设施的状况，就需要对基础设施信息有全面的了解，以便为地下空间的预测、规划找到可靠的依据。GIS基于空间型数据库管理系统，采用地图、数字数据、照片、文本、录像、声音等数据记录手段，来记录信息的空间位置、时间分布和属性特征，因此它可以方便、快速、准确、全面地对地下基础设施信息进行查询和管理。

同时，以三维GIS技术为支撑，结合海量的业务数据，充分考虑系统的可用性、易用性，实现了地下管线的三维可视化设计、存储、查询、分析、定位等功能，形成一套完善的三维地下管网信息系统。

（2）VISSIM行人仿真模块的应用

行人出行存在着多种情况，VISSIM行人仿真软件的发展就一直致力于让VISSIM满足各种情况下的应用。

作为VISSIM的一个模块，行人仿真模块在交通工程、城市规划、设计评价及其工程展示中都有着极大的应用。该模块采用在行人仿真领域广泛使用的社会力模型，适时的模拟实现了行人和车辆的动态交互行为，同时创新性地允许用户自定义部分人的行为，例如不遵守交通规则的红灯过街这些日常生活常常出现的行为。因此很大程度提升了仿真的准确性。

在地下交通枢纽（轨道站点）、地下综合体、地下公共空间可应用行人仿真模块进行纯行人交通，行人与车辆的动态交互模拟，以及行人的违法行为模拟，验证地下交通规划方案、地下人行疏散系统规划方案等是否可行。

（3）多软件联合数据平台建立

通过CAD软件、GIS技术与控规编制方法、步骤和实施管理结合，通过各类数据相互关联和转化，搭建本次工作的数据标准平台，为规划编制与决策提供所需的数据、模型分析、指标研究、优化方案，并实现规划图纸快速、智能的输出和转化。

（4）BIM在地下空间的运用

基于BIM平台，结合城市整体的发展方向和发展思路，将城市地下空间规划融合到城市总体规划中。通过BIM与GIS平台相结合建立的BIM模型，不仅能够立体、真实地表现规划人员的规划思想，而且能够详细展示建筑的内部信息。

另外，结合数字城市的规划信息，BIM强大的数据收集能力和协同能力能够准确表现地上和地下设施的现状和变更，从宏观上协调配合城市的整体规划。微观上，可以运用BIM技术模拟分析城市地下空间微环境，包括光照分析、噪声分析、建筑群热工分析等方面来保证人员的舒适度。从宏观和微观两方面着手规划，有利于城市地下空间开发与地面建设相协调，与各个基础设施相协调，形成城市地下空间系统。

（四）地下空间竖向设计研究

1.国外城市地下空间的竖向分层

（1）东京

日本城市地下空间的开发不仅形式多样，而且达到很深的深度。日本的地下构造物有管线、共同沟、地下停车场、地下街、地铁甚至地下放水路、地下变电所等地下设施，种类十分丰富，开发深度已达到地下50m以下。

为了具体把握东京地下空间的设施分布情况，对东京地下构造物进行了调查，具体情况如下。

①-15m～0的表层空间。这一层次主要布置了市政管线、地下过街道、地下停车场以及地下街等设施，尤其是地下街的建设特别发达。

②-30～-15m的浅层空间。这一层次主要用于地铁的布置，其中也支排建设地下调节池、地下变电所等设施。

③-50～-30m的中层空间。这一层次布置了地铁、一些深层管道、地下调节池、地下道路以及共同沟等。

④-50m以下的深层空间。这一层次除了铺设的一些高压线缆，主要预留为深层地铁的建设以及部分地下调节池的建设等，将来有可能更多的用以发展地下道路等。

（2）巴黎

巴黎地下空间的开发深度大约在地下30m左右，相比东京并不深，地下设施的布置与东京也有所不同，主要有市政管线、综合管廊、地铁以及地下道路等。地下设施的具体布置呈以下分布：

①-15m～0的表层，布置市政管线设施、道路隧道、地铁等。

②-30～-15m的浅层，布置RER线。

（3）纽约

纽约城市地下空间的发展也很有层次性，具体分布有三层：

①第一层为一般市政管线，布置电缆、水、煤气管线。

②第二层为交通层，布置地下通道以及地铁等。

③第三层为地质结构层，布置下水道及深层水管等。

2.国内城市地下空间的竖向分层

地下空间的开发利用对于解决我国城市发展所面临的土地、交通、环境等问题具有不可或缺的作用，理应在城市建设中大力提倡。然而，地下空间的造价动辄是地面的3～5倍，并且随着开发深度的增加而大幅增长。以日本地铁为例，大深度埋深的地铁线路即使有10%的补偿率，而造价却是浅埋深地铁线路的1.5～2.0倍，见表3-2。因此，有效地控制地下空间的开发深度应作为地下空间开发的重要一环加以研究。

日本浅埋与深埋地铁造价分析 **表3-2**

<table>
<tr><th rowspan="4">埋设方式</th><th rowspan="4">情况编号</th><th colspan="2" rowspan="2">条件</th><th colspan="9">造价（含用地费）(亿日元/km)</th></tr>
<tr><th rowspan="3">私有地通过率</th><th colspan="4">商业用地</th><th colspan="4">住宅用地</th></tr>
<tr><th rowspan="2">埋深（m）</th><th rowspan="2">站距（km）</th><th rowspan="2">补偿率（%）</th><th colspan="3">地价（万日元/m²）</th><th rowspan="2">补偿率（%）</th><th colspan="3">地价（万日元/m²）</th></tr>
<tr><th>1500</th><th>500</th><th>100</th><th>500</th><th>100</th><th>15</th></tr>
<tr><td rowspan="3">浅埋</td><td>1</td><td>15</td><td>1</td><td rowspan="3">10%</td><td>60</td><td>242</td><td>178</td><td>153</td><td>20</td><td>158</td><td>149</td><td>147</td></tr>
<tr><td>2</td><td>40</td><td>1</td><td>10</td><td>292</td><td>281</td><td>277</td><td>3</td><td>277</td><td>276</td><td>276</td></tr>
<tr><td>3</td><td>15</td><td>6</td><td>80</td><td>185</td><td>108</td><td>78</td><td>20</td><td>83</td><td>73</td><td>70</td></tr>
<tr><td rowspan="3">深埋</td><td>4</td><td>40</td><td>6</td><td rowspan="3">80%</td><td rowspan="3">0**
（10）</td><td>96
（351）</td><td>96
（181）</td><td>96
（113）</td><td rowspan="3">0
（3）</td><td>96
（122）</td><td>96
（101）</td><td>96
（97）</td></tr>
<tr><td>5</td><td>60</td><td>6</td><td>117
（372）</td><td>117
（202）</td><td>117
（134）</td><td>117
（143）</td><td>117
（122）</td><td>117
（118）</td></tr>
<tr><td>6</td><td>40*</td><td>6</td><td>101
（356）</td><td>101
（186）</td><td>101
（118）</td><td>101
（127）</td><td>101
（106）</td><td>101
（102）</td></tr>
</table>

注：* 车站埋深40m，区间隧道埋深60m；

** 括弧内数字是补偿率为10%时的造价。

目前，并无一定的指标去界定一个城市地下空间开发的适宜深度。因此，较为可行的方法是通过研究国外地下空间开发较为成熟地区的情况并分析对比，大致确定地下空间的分层区划。对比分析的指标主要包括以下几个方面：

（1）城市规模

地下空间的开发首先出现在城市功能过于集中的首都等大城市，其后蔓延到需改善城市环境、提高城市魅力的中小城市。由于两者的功能定位不同，矛盾的冲突程度也大不相同，因此在开发的功能设施和开发深度上存在很大的区别。一个城市地下空间的开发可以借鉴国内外经验，前提是必须选择一个与自身相符的参照。

（2）人口密度

人口密度是指在一定时期一定单位面积土地上的平均人口数目。它是反映人口分布疏密程度的常用数量指标，适当的人口密度能够保证良好的居住、卫生及经济条件。若一个城市的人口密度如果太高，则必然需要有限的土地面积上开发更多的空间，从而催生地下空间的开发。

（3）人均道路面积

人均道路面积是衡量一个城市交通状况的重要指标。一般而言，人均道路面积越高，城市交通状况越好，人们的出行也越便利。当人均道路面积不足时，通过开发地下空间可以弥补地面的缺陷，因为开发地铁等设施不仅运量大，快速便捷，而且不占用地面用地，换而言之就是所需占用的人均道路面积为0。

（4）人均公共绿地面积

人均公共绿地面积是城市人口平均每人占有的公共绿地面积。它是衡量一个城市绿化水平的重要指标之一，因此也是反映城市环境的重要指标。地下空间的开发能够节约地面用地，留出更多的土地用以绿化，从而间接地提高人均绿地面积。

以上四个指标，分别反映了用地紧缺程度、交通及环境状况。以上海市为例，上海市作为中国的经济中心，是人口上千万的国际城市，其地下空间开发的比选对象应该在城市规模、性质等方面与其相似，为此可选择纽约、伦敦、巴黎和东京作为参照对象。

调查显示，上海是我国人口最为稠密的城市，市区人口密度在世界上也居于前列。通过比较上海与国外同类城市的人口密度可以发现，上海市区的人口密度已经超过了以拥挤著称的东京，每平方公里达到1.4万人，如果单独计算内环线以内的中心城区，这个数值还会更大，达到每平方公里3万人。人均道路面积与人均公共绿地方面，上海与东京差别不大，但是与纽约、伦敦等欧美城市相比，还有较大差距（表3-3）。总体而言，上海城市的规模、人口密度等各方面与东京都极为类似，因此可以在研究东京地下空间开发的基础上，对上海城市地下空间的开发提出借鉴经验。

东京城市地下空间的开发先前已有介绍，其浅层地下空间的开发已经趋于饱和，目前主要朝地下50m以下的大深度进行发展。而目前上海的城市地下空间开发深度以-30m以上为主。借鉴东京的发展经验可以预测，随着经济的

上海与国外同类城市的比较　　表3-3

城市	市区面积（km^2）	市区人口（万人）	市区人口密度（人/km^2）	人均道路面积（m^2）	人均公共绿地（m^2）
纽约	828	700多	约8454	26.3	14.6
伦敦	1580	750	4747	28.0	65.9
东京	621	820	13205	10.9	11
巴黎	2060	879	4267	—	11.6
上海	653	915	14000	10.4	11

进一步发展，上海城市地下空间的需求也将进一步加大，继而迈向30m以下及50m以下空间的开发。综合以上对比分析，结合上海市自身情形及城市不同发展时期的客观需要，可以将上海城市地下空间的分层区划大致划分为以下几个部分：

①-15m～GL：现有浅层开发深度；

②-30～-15m：近期中层开发深度；

③-50～-30m：中期深层开发深度；

④-50m以下：远期超深层开发深度。

以上海城市地下空间分层区划为参照，国内其他城市可以结合自身特点制定相应的分层区划，分层情况可以更为具体，但是开发深度不宜超过此限。结合目前已经制定地下空间分层规划的城市情况来分析，北京、上海等特大城市地下空间开发利用深度可以深入地下50m，而杭州等二级城市地下空间开发深度宜限定在30m以内，更多的大部分中小城市应主要着眼于地下15m以内空间的开发（表3-4）。

我国城市地下空间竖向分层区划　　表3-4

城市规模	特大城市	大城市	中小城市
竖向分层区划	①-15m～GL：现有浅层开发深度； ②-30～-15m：近期中层开发深度； ③-50～-30m：中期深层开发深度； ④-50m以下：远期超深层开发深度	①-15m～GL：近期主要开发深度； ②-30～-15m：中、远期开发深度	主要开发深度限定于-15m～GL

3.地下空间设施的竖向分层

（1）城市地下空间开发利用的设施分类

目前人类已经开发的地下设施种类繁多，为了更好地了解各种地下设施，有必要按照一定的标准将其进行分类。日本对城市地下空间利用的内容按照有人和无人划分为有人空间及无人空间，具体情况如表3-5所示。一般而言，有人空间由于人的存在，从安全、舒适等角度出发，地下空间的开发深度不宜过深，而无人空间由于没有人这个最为主要因素的限制，理论上开发深度可以不加以限制。

日本对城市地下空间利用内容的分类 **表3-5**

有人空间	无人空间			
城市生活设施	基础设施	生产设施	贮存设施	防灾设施
住宅、地下室； 学校、医院； 商店街； 办公室； 文化设施； 停车场； 仓库	上、下水道； 煤气、电力； 交通设施	发电厂； 生产工厂	能源； 粮食； 水； 废弃物	避难设施； 防洪设施； 储备设施

除了上述的分类，按照一般设施的分类方法还可以将地下设施按照功能特点进行归类，将功能相近的设施归为一类以便更好地指导地下空间的开发。具体而言，可以归结为地下交通设施、地下公共服务设施、市政基础设施、生产储存设施及防灾设施等，如表3-6所示。

城市地下空间利用的功能类别 **表3-6**

地下交通设施	地下公共服务设施	市政基础设施	生产储存设施	防灾设施
地铁； 地下道路； 地下步道； 地下停车场； 地下物流	地下商业设施； 地下文化娱乐； 体育设施	一般市政管线； 市政干线； 综合管沟； 地下变电站	地下工厂； 仓库； 地下污水处理； 地下垃圾处理	指挥所； 人防工程； 医疗设施

(2) 地下空间设施的竖向空间配置

城市地下空间的开发，由于所要解决问题的侧重点不同，经济技术的基础也不同，因此对不同功能需求的轻重缓急程度也有先后之分。地下空间的开发应该有目的地选择重点开发设施、次要开发设施，在不同的阶段、不同的空间层次进行开发，简而言之，即开发有先后，开发有重点，开发有层次。

1) 优先开发设施

交通是连接一个城市其他功能的基础，在发展层次上具有最为基础的地位，地下交通作为改善和加强中心城区交通的重要手段理应优先加以发展。结合城市经济技术的具体情况，在现阶段应优先发展地铁、地下步行道、地下停车场等设施，地下道路、地下物流虽然也是强化交通功能的一种手段，但限于经济技术条件，暂不列入优先发展层次。

基础设施是城市赖以生存和发展的基础，也是中心城区主要矛盾的所在。充分利用地下空间的封闭性、低能耗性、环境易控性等特点大力发展地下基础设施，保障能源信息的正常供给。具体开发设施为地下市政管线、综合管沟、地下变电站、地下水库等。

2）选择开发设施

在解决中心城区最主要问题的基础上，可以结合中心城区的主要职能修建与其功能相对应的地下设施，作为城市地下空间资源的有效补充。例如地下商业设施、地下文化娱乐设施、地下仓储设施等。这些设施与地面空间构成一个完整的系统，相互协调，可以最大化的发挥中心城区的集聚效益。

3）未来开发设施

未来的城市将是经济发达，环境友好，人工环境与自然环境协调统一的生态型城市。实现这个目标需要更为有效的利用地下空间，真正达到“人在地上、物在地下”的目标。这里的“物”将包括交通、物流、信息流、能源流等各种城市功能。未来，将大力开发深层地下空间，建设地下道路、地下深层地铁、地下物流等系统，实现城市大部分设施的地下化，形成功能齐全、设施完备的地下城市。

按照功能特征可以将地下空间的开发项目划分为地下交通设施、地下公共服务设施、市政基础设施、防灾设施等。结合我国城市地下空间的发展，遴选了4类共11种地下设施进行了重点研究，并在借鉴国内外经验及理论分析的基础上，对其地下空间的竖向配置进行深入研究。

地下设施竖向空间配置与其性质和功能密切相关。例如市政基础设施管线要接入用户，因此一般都布置在地下空间的最上层，节省投资，便于维修管理。商业、文娱、轨道交通站台、人行通道等人们活动频繁的设施也应尽可能离地表近些，便于市民的出入，一旦出现事故，有利于市民迅速从地下撤离。设施竖向空间配置除与性质功能相关外，还与其在城市中所处的位置（道路、广场、绿地或地面建筑物下）、地形和地质条件有关，应根据不同情况因地制宜进行竖向规划。

将重点地下设施的一般竖向配置进行了归纳，提出竖向适宜开发深度和可开发深度，对相关设施的竖向开发进行约束。其中适宜开发深度指在满足开发条件，不存在设施冲突的情况下，优先选择的开发深度。可开发深度是指当存在不利条件使设施无法按照其适宜开发深度进行开发时，建议开发的深度选择。各类设施的适宜开发深度和可开发深度具体见表3-7。

地下设施竖向空间配置建议 **表3-7**

类别	设施名称		适宜开发深度（m）	可开发深度（m）
地下交通设施	地铁	车站	≤-15	-30～-15
		区间隧道	≤-30	-50～-30
	地下道路	地下环路	≤-15	-30～-15
		过境、到发道路	-30～-50	≥-50
	地下步行道		≤-10	—
	地下停车场		≤-15	-30～-15
	地下物流设施		-30～-50	≥-50
地下公共服务设施	地下商业设施		≤-10	—
	文化娱乐体育设施		≤-15	-30～-15
市政基础设施	综合管沟		≤-15	-30～-15
	地下变电站		≤-30	≥-30
防灾与生产储存设施	地下工厂、仓库等		≤-30	≥-30
	地下水库、人防工程		≤-30	≥-30
	地下河川		-50～-30	≥-50

4. 不同功能区域地下空间的竖向分层

（1）道路地下空间

道路地下空间的开发是城市地下空间开发的一个最主要部分，在道路下开发地下空间有以下特点：

①道路本身是个线形网状结构，如果把城市比作一个人，那么道路就是人身上的血管。道路的这个特点决定了在道路下发展地铁、市政管线、综合管廊、地下道路等呈线形的设施是合理的。

②道路构成了城市的骨架，道路的这种骨架作用使得城市的人流、物流、信息流等围绕道路进行，因此这些人流、物流、信息流等的载体也应该沿道路进行，所以地铁、市政管线、综合管廊、地下道路等常常在道路下部通过。

③道路地下空间的障碍物较少，在开发过程中没有建筑桩基的影响，因此道路往往是地下空间开发的黄金宝地。

④道路上部是个开敞的空间，这为地下工程的施工创造了一个便利条件。

⑤为了改善城市交通环境，在道路下兴建地下过街道以及下立交是解决问题的一个好方法，而这类设施本身也成为道路交通的一个附属。

综上所述，在道路地下安排市政管线、地铁、综合管廊、地下道路以及地下过街道和下立交等设施是合理的。但是道路的地下空间资源有限，容纳如此多的地下设施需要一定的规划指引，不能盲目地乱加开发。如果道路地下空间开发的功能合理，深度适当，将会使城市道路在城市的发展过程中发挥更大的作用。

结合各类地下设施的特点、开发的时序以及设施的重要性，在竖向层次对其进行如下划分（表3-8）：

道路地下空间设施竖向布局 **表3-8**

用地		道路					
竖向分层	深度	交通设施	公共服务设施	市政公用设施	防灾减灾设施	仓储物流设施	能源环保设施
浅层	-15m～0	●区间隧道 ●地铁车站 ●地下环路 ●地下人行通道 ○机动车停车场 ○非机动车停车场 ○地下公交场站	○地下商业	●地下市政管线 ○地下综合管廊	●人防工程	—	—
中层	-30～-15m	●区间隧道 ○地铁车站 ●地下环路 ○机动车停车场	—	●地下综合管廊 ○地下调节池	○人防工程	—	—
次深层	-50～-30m	○区间隧道 ●过境到发道路	—	●地下综合管廊 ●地下调节池 ●地下给水系统 ●地下排水系统 ●地下污水系统	●地下河川	●地下物流	—
深层	-50m以下	●过境到发道路	—	●地下给水系统 ●地下排水系统	●地下河川	●地下物流	—

①-15～0m的表层空间。这一层次地下设施由浅至深的一般布置为：市政管线、下立交、地下人行过街道、综合管廊以及地铁。其中市政管线的布置应尽量处于人行道或非机动车道的下方。综合管廊可以布设在车行道下，从施工方便及经济角度出发，在保证覆土深度的前提下，应该布置在较浅的深度。

下立交和地下人行过街道上方由于有市政管线通过，也应预留一定的覆土深度。地铁区间隧道和地铁车站上方有市政管线、下立交和地下过街道等通过，在规划时应预留一定的覆土深度，避免与之产生冲突。

②-30～-15m的浅层空间。主要用以建造地铁区间隧道和地铁车站，在表层空间被占用的情况下，地铁区间隧道应尽量安排在这一层，地铁车站作为地面、地下联系的出口，从安全及造价角度出发应尽量布置在-15～0m的表层空间。

③-50～-30m的中层空间。在浅层空间发展饱和的情况下，用以发展地铁、地下道路、地下物流系统等。

④-50m以下的深层空间。预留为将来发展之用，用以建设地下道路、地下物流等系统。

（2）广场地下空间

广场是一个城市的象征，在地下设施安排上有以下特点：

①城市广场是市民聚集休闲、娱乐、交往的场所，其开阔的空间、良好的绿化以及优美的环境对市民有着一种磁吸效应，吸引着大部分人的驻足、观光。人流众多的特点决定了商业的旺盛需求，地下商业设施的开发也就应运而生。这不仅为市民提供了完善的服务，而且给广场地面创造了宜人的环境。

②城市广场往往容易成为某个区域极具标识性的场所，也往往成为交通换乘的一个节点，因此便捷的交通必不可少。为了给聚集于此的众多市民提供一个便捷舒适的交通环境，地铁的建设就成为促成多元化交通的一个重要的举措。同时，多元化的交通必会产生大量的停车需求，因此地下停车场的建设也是一个重要方面。

③广场一般处于城市的繁华地段，周边的车流量众多，因此广场周边的道路容易隔绝市民与广场的联系，这种情况下修建地下步行道就成了解决问题的重要手段。

④广场地面地下空间的联系功能往往由地下空间的出入口完成，一般的出入口较为狭小，与广场恢宏的气势不谐调，并且容易产生拥堵现象，不易形成亲近人的空间。采用下沉式广场的形式不仅在体量上与广场形成呼应，而且能够形成上下部空间的和谐过渡。

⑤广场地下空间具有体量大、地下管线等障碍物少的特点，因此适合开发一些单体规模比较大的地下设施。广场的周边往往是商业、商务发达地区，不

仅对水、电有很大的需求，而且对环境也有很高的要求，因此适合将广场周边的变电设施、水库等大型单体建筑转入地下。

因此广场地下适宜安排下沉式广场、地下步行道、地下商业设施、地铁、地下停车场以及一些大型的地下变电设施、地下水库等。结合各类地下设施的特点，对其在广场地下进行一个竖向层次的划分如下（表3-9）：

广场地下空间设施竖向布局 表3-9

用地		广场					
竖向分层	深度	交通设施	公共服务设施	市政公用设施	防灾减灾设施	仓储物流设施	能源环保设施
浅层	-15～0m	●地铁车站 ●地下人行通道 ●机动车停车场 ●非机动车停车场 ●地下公交场站	●地下商业 ●地下文化设施 ●地下娱乐设施 ●地下体育设施 ●地下展览展示	○地下变电站 ○地下燃气调压站	●人防工程	○地下仓库	—
中层	-30～-15m	—	○地下商业 ○地下文化设施 ○地下体育设施 ○地下展览展示	●地下变电站 ●地下燃气调压站	○人防工程	○地下冷库 ○地下仓库	—
次深层	-50～-30m	—	—	●地下变电站	●地下蓄水池	●地下冷库 ●地下仓库	—
深层	-50m以下	—	—	—	—	●地下仓库	—

①-15～0m的表层空间，设置下沉式广场连接上下部空间，形成空间和谐的过渡带，设置地下步行道、地下商业、娱乐设施，形成一个闲适的地下商业步行空间，同时，设置地铁车站和地下停车场，与地下商业空间相连接，形成交通商业设施的整合。一些大型的地下变电设施和地下水库也可以设在这一层面。

②-30～-15m的浅层空间，建造地铁区间隧道和地铁车站，需要注意的是这一层面的地铁车站与上一层面的地铁车站在竖向空间应该加以整合。

③-50～-30m的中层空间。在浅层空间发展饱和的情况下，用以发展地铁、地下物流系统等。

④-50m以下的深层空间。预留为将来发展之用，用以建设地下道路、地下物流等系统。

（3）绿地地下空间

近年来我国各个城市都在大力发展绿地的建设，提高城市的绿化覆盖率。当前我们国家的绿地建设存在很多的问题，总体来说有以下几点：

①老城缺乏绿化，人均绿地少。新城绿化情形较老城为好，但因建设中缺乏系统绿化设想，随着城市规模发展、人口增加，绿化前景也不容乐观。

②各类建筑活动与绿化争地，蚕食绿地。

③绿地建设没有形成规模，分块零碎，形成“弱肺”，没能发挥绿化的生态效应与规模效应。由于各种建筑活动的蚕食，没有成块建设绿地的条件，而零星绿化不仅不能发挥净化环境的效益，反而被污染毒害。

④绿地的建设往往从美观方面出发，没能以人为本，绿化的保健功能被削弱。很多绿地都被隔离，市民不能享受绿地带来的好处。

通过开发绿地地下空间，一方面可以在地面上形成环境优美、生态良好的绿化空间；另一方面可以提供交通设施、商业、娱乐设施、仓储设施、防灾设施等设施空间，充分发挥绿地的作用。

城市绿地作为城市整体形态的有机组成部分，在规划中应该使绿地地下空间与城市绿地的形态以及城市形态相协调。作为城市系统的有机组成部分，通过绿地地下空间功能的开发，可为城市提供多项服务设施。

①城市绿地由于环境宜人、舒适，是市民休闲、度假、旅游的好去处，在其地下提供地下停车设施、地下文化、商业、娱乐及体育等公共设施，不仅可以大大方便市民，而且可以丰富绿地的功能，达到两者间的互相促进与发展。

②从节省城市用地，美化城市景观考虑，可以将绿地周边的变电设施转入绿地地下。在水资源缺乏的今天，还可以利用绿地下部建设地下水库，储存城市用水，减少水分蒸发，开发的方法可以采用先地下后地上的形式。

③地面仓储设施单体面积大，影响城市景观，适合在大块绿地的地下进行开发，还可以考虑与远期建设的地下道路、地下物流系统组成一个系统。

结合上述分析，绿地地下空间开发重点用于停车、商业、文化娱乐、仓储、变电站、地下水库等公用公益设施。具体的开发层次可以采用如下模式（表3-10）：

绿地地下空间设施竖向布局 表3-10

用地		绿地					
竖向分层	深度	交通设施	公共服务设施	市政公用设施	防灾减灾设施	仓储物流设施	能源环保设施
浅层	-15～0m	●机动车停车场	●地下文化设施 ●地下体育设施 ●地下展览展示	○地下变电站 ○地下燃气调压站	●人防工程	○地下仓库	○地下污水处理场 ○地下垃圾中转站
中层	-30～-15m	○机动车停车场	○地下文化设施 ○地下体育设施 ○地下展览展示	●地下变电站 ●地下燃气调压站 ●地下水库	○人防工程	○地下冷库 ●地下仓库	○地下热能储藏 ●地下污水处理场 ●地下垃圾中转站
次深层	-50～-30m	—	—	●地下变电站 ●地下燃气调压站 ●地下水库	●地下蓄水池	●地下冷库 ●地下仓库	●地下热能储藏
深层	-50m以下	—	—	●地下水库	—	●地下冷库 ●地下仓库	●地下热能储藏

①-15～0m的浅层空间，在保证绿化基层的厚度用以保证植物能正常生长的情况下，可以设置地下商业、文化、娱乐设施、地下停车库和人防工程。地下变电站及地下仓库等也可以设置在这一层面。

②-30～-15m的中层空间，可以规划建设地下变电站、地下燃气调压站、地下仓库、地下污水处理场、地下垃圾中转站等。

③-50～-30m的次深层空间，可以规划建设地下变电站、地下燃气调压站、地下仓库、储藏库等。

④-50m以下的深层空间，可以预留为将来发展之用，用以建设开发地下道路、地下储藏库、特种工程等。

（4）河流、水系地下空间

河流、水系作为城市生态中重要组成部分，其本身就担负着城市的重要功能。河流、水系下的地下空间利用应遵循保护开发的原则，应尽量减少对其的开发利用，在水系的浅层可做一定的地下停车场的开发利用，在一定条件下可以结合水系自身的特点在其下方开发地下河川、地下水库、地下石油库等，这些设施的特点是相应开发深度较深。城市道路需要从地下穿越河流时应采用隧道形式。综合来说河道、水系下的开发设施较少，其分层开发模式如表3-11所列。

河流水系地下空间设施竖向布局　　表3-11

用地		河流、水系					
竖向分层	深度	交通设施	公共服务设施	市政公用设施	防灾减灾设施	仓储物流设施	能源环保设施
浅层	-15～0m	●机动车停车场	—	—	—	—	—
中层	-30～-15m	○机动车停车场	—	●地下水库	—	—	—
次深层	-50～-30m	—	—	●地下水库	●地下河川	—	—
深层	-50m以下	—	—	—	—	●地下石油库	—

①-15～0m的浅层空间。在适宜的地区可以做地下停车场的开发利用。如日本新川地下停车场即开发在新川的水系下。

②-30～-15m的中层空间。利用河道、水系的特点开发地下水库。

③-50～-30m的次深层空间。做远期地下河川发展的预留空间。

④-50m以下的深层空间。利用水下水压，在深层水下开发地下石油库。

(5) 山体地下空间

山体作为特殊的地下空间开发区域，其拥有良好的结构特性，没有地面已开发设施等干扰的优点，十分适合城市地下仓储、地下发电厂、地下实验室等设施的发展，其还有利于做人防工程的掩体。城市道路在被山体阻隔时通常采用公路隧道来穿越山体。

山体因其特殊的地形，在对其竖向划分时，将其山顶作为地面标高为0的基线，整个山体作为地下空间的一部分进行分层开发。其开发利用模式如表3-12所列。

山体地下空间设施竖向布局　　表3-12

用地		山体					
竖向分层	深度	交通设施	公共服务设施	市政公用设施	防灾减灾设施	仓储物流设施	能源环保设施
浅层	-15～0m	—	—	—	—	—	—
中层	-30～-15m	○过境到发道路	●地下科研 ○地下医院	—	●人防工程	●地下仓库	●地下污水处理场
次深层	-50～-30m	○过境到发道路	●地下科研 ●地下医院	—	●人防工程	●地下冷库 ●地下仓库	●地下热能储藏 ●地下污水处理场

续表

用地		山体					
竖向分层	深度	交通设施	公共服务设施	市政公用设施	防灾减灾设施	仓储物流设施	能源环保设施
深层	-50m以下	○过境到发道路	—	—	●人防工程	●地下石油库 ●地下冷库 ●地下仓库	●地下热能储藏 ●地下污水处理场

（6）建筑地下空间

为了掌握建筑地下利用的深度，我们从建筑地下层数人手，统计分析建筑地下层数的一般情况进而得出大致的深度开发情况。对东京的59027座建筑地下层数统计分析，情况如表3-13所列，其中1层和2层地下的建筑物占了绝大多数，总数量达到57796座，占总数的97.91%。如果加上3层地下的建筑则总数达到了58665座，占到总数的99.39%。由此可得建筑的地下开发深度以开发到建筑3层地下室为主，深度大约在地下15m的范围。

东京建筑地下层数分布情况　　表3-13

地下层数	地下1层	地下2层	地下3层	地下4层
建筑数量	52399	5397	869	261
地下层数	地下5层	地下6层	地下7层	地下8层
建筑数量	78	18	4	1

在统计建筑地下层数的基础上，对建筑桩基深度的统计得出，桩基深度在50m以内的建筑占到了绝大部分，考虑到桩基10m的保护层，一般高层建筑占用地下空间的深度为地下60m，特殊超高层建筑的基础占用地下空间资源的深度则可能达到地下80m左右。结合以上分析，可以得出建筑地下空间分层开发的一般模式（表3-14）：

①-15～0m的表层空间作为建筑的地下室层，一般用于布置地下车库、地下设备用房、地下商店、地下联络通道、地下仓库、地下活动室、地下办公室、民防工程等。

②-30～-15m的浅层空间用于多层及20层以下建筑物的桩基础。

③-50～-30m的中层空间作为20层以上建筑的桩基础。

④-50m以下的深层空间作为一部分特殊超高层建筑物的桩基础、特种工程以及远期开发。

建筑地下空间设施竖向布局 **表3-14**

用地		建构筑物					
竖向分层	深度	交通设施	公共服务设施	市政公用设施	防灾减灾设施	仓储物流设施	能源环保设施
浅层	-15～0m	●地铁车站 ●地下人行通道 ●机动车停车场 ●非机动车停车场	●地下商业 ●地下文化设施 ●地下娱乐设施 ●地下教育 ●地下科研 ●地下医院 ●地下展览展示	○地下变电站	●人防工程	●地下冷库 ○地下仓库	○地下热能储藏
中层	-30～-15m	○地铁车站 ○地下人行通道	○地下文化设施 ○地下体育设施 ○地下展览展示 ●地下科研	●地下变电站	○人防工程	●地下仓库	—
次深层	-50～-30m	—	●地下科研	—	○地下蓄水池	—	—
深层	-50m以下	—	●地下科研	—	—	—	—

(五)地下空间横向设计研究

1.综合利用开发

(1)地下空间横向各功能开发

地下空间综合利用是在不增加地上空间建设量的情况下，补足城市功能短板，完善三大设施建设的重要途径。地下空间根据其功能特点，主要包括：以地下综合体为代表的各类地下公共服务设施，以地铁为代表的地下交通基础设施，以综合管廊为代表的各类地下市政设施和以人防工程为代表的各类地下安全设施。

1)地下交通系统规划

交通系统规划旨在有机、完整、统一地整合地上、地下交通系统，使上下部各种交通方式之间的衔接、组合、换乘方便合理，并节省地上空间，改善地面环境，实现空间资源的可持续利用。

①地下机动车道路系统

地下机动车道路系统是地下空间开发的一个重要内容。地下机动车道路系统能够改善交通条件、优化交通结构、提供快捷出行、缓解地面交通压力、节约地面道路空间、美化地面环境、节省拆迁费用、防止尾气污染和防止气象灾害影响等，虽然前期经济投入较大，但具备综合长期效益优势。

②地下步行网络系统

地下步行系统包括地下空间步行通道、地下过街设施等。地下步行系统的设置实行人车分流，注重安全性、方便性、可识别性及换乘的便捷性，在重要的人流集散节点设置广场空间，并结合建筑物与公共空间的布置特征设置能够迅速避难的人防设施网络。

③地下停车系统

地区的交通容量由动态交通、静态交通组成，与土地利用相互影响、相互作用，在一定的交通管理和交通控制条件下，地区的静态交通设施（停车设施）的规模及出入口的设置将对区域交通造成较大的影响。在地下停车设施设置上采用的方式有：集中布置停车场、合理设置停车场出入口、实现停车管理系统的信息化以及推动停车设施的多功能化。

若区域静态交通需求较大，采取单栋建筑单独开发停车库的方式，车库的利用率较低，对区域交通影响较大。因此可采用整体开发模式，将多栋建筑物地下空间通过地下通道联通，整合为大规模停车库，提高泊车效率及空间利用率。

2）地下公共服务空间规划

与地上功能协调互补，地下公共服务功能包括地下商业零售功能、地下餐饮功能、地下文化娱乐功能、地下时尚休闲功能和地下运动健身功能，以及创意展示、会议中心、旅游观光与金融通信网点等配套服务功能。

通过合理组合公共服务功能，结合城市公共空间用地内的地下休闲、娱乐、旅游、观光、商务沟通与社交会友等功能，并与产权地块内的地下商业、文化娱乐等功能相呼应、衔接，共同构筑地下公共服务网络、发挥整体开发效应，全面提升基地活力。

3）市政管网整合规划

市政设施系统是地下空间开发利用的重要组成部分，地下空间开发利用充分考虑市政设施系统的发展。市政管线基本地下化，市政场站合理利用地下空间资源，节约地面空间资源，有效保障了城市的可持续发展。

（2）分区地下空间差异化开发

地下空间功能作为城市功能系统的重要补充，应综合考虑各类功能设施的地下空间适宜性与地区发展特点，采取差异化的布局模式。根据各类功能设施的地下空间适宜性，地下交通设施、地下市政设施、地下防灾减灾设施等基础设施可优先进行地下化建设。地下商业服务业设施、地下公共管理与公共服务设施、地下仓储设施等功能设施较适宜进行地下化建设。住宅、污染环境和劳动密集型的工业厂房、敬老院、托幼园所、学校教室、青少年宫、儿童活动中心、老年活动中心等人员相对密集、环境要求较高的功能设施不宜进行地下化建设。

城市中心区、商业中心区、城市重点功能区等公共活动密集、建设强度高的地区，是地上地下空间一体化建设的重点地区，宜通过地下空间的互连互通建设舒适便捷的地下公共活动空间，填补公共服务设施缺口，改善地面环境品质。

随着轨道交通的快速建设，轨道交通沿线地区是推进土地资源集约高效利用的重要地区，应结合轨道站点分级及地上用地功能布局，明确轨道站点与周边地下空间的连通要求，构建集轨道换乘、地下过街、公共服务、防灾安全于一体的地下公共空间网络。

涉及大型公共服务设施、市政交通设施、防灾安全设施等三大设施建设的地区，应综合考虑用地布局、技术可行性、环境影响等因素，有序推进设施地下化建设，在提高地区设施服务水平的同时，提升地面的环境品质，消除邻避效应。

历史地区是历史文化保护与城市发展矛盾较为突出的地区。在历史地区，文物和地下文物埋藏区等地区不宜开发地下空间，但同时也应客观认识到：地下空间合理开发利用可以弥补公共服务、基础设施的空间不足，在不影响地区历史文脉的基础上，提升地区公共服务水平，缓解地面建设压力。在老城区，可结合局部地块改造，同步建设地下便民服务设施、文体设施、社区宣教等公益性地下空间；结合道路改造建设地下综合管廊、市政场站等市政基础设施；限制开发地下大型商业设施、大规模地下停车设施。历史文化街区与风貌协调区内的地下空间开发利用应遵循小规模、渐进的原则，以历史价值评估为基础，在保护有价值历史信息的同时，合理利用地下空间，满足居民生活需求。

在城市集中更新地区、城市新区，有条件通过先地下后地上的建设模式，推进地下交通、市政、公共服务、防灾安全等各项功能设施的统筹建设，实现多维、高效的立体化城市空间布局。其中，图书馆、博物馆、体育场馆等大型公共服务设施、商业设施、行政办公设施及部分科研教育设施适宜进行地下空间建设，并与地上空间建立便捷联系。变电站、换热站、污水处理厂、再生水厂、垃圾处理等市政设施在满足相关技术及环境安全要求的情况下，可通过地下化，避免邻避效应。过境交通、停车场、公共交通场站等交通设施应有序推进地下化，缓解地面建设压力，减小环境污染。大型人防设施、重要数据存储中心、储水设施、物流设施等宜结合地下空间的防灾特性，在深层地下空间布局，保障设施的安全运行。

2.连通规划

(1)我国城市地下空间互联互通存在的问题

随着城市地下空间开发利用的规模日益庞大，地下空间的互联互通问题阻碍了城市地下空间网络化发展。而地下空间的控制规划缺失、管理体制混乱、各产权开发商利益协调和建设时期不同又是地下空间互联互通面临的主要难题。

1)地下空间系统的控制规划缺失

我国城市地下空间规划制定尚处于探索阶段，存在规划组织编制主体不明确、规划体系不清晰、缺乏统一规范的规划编制要求等问题。一部分专家学者认为城市地下空间应独立于城市地上空间，以城市地下空间为主体，统一整体的编制地下空间规划，使地下空间整体、有序地建设；而另一部分专家学者认为地下空间应附属于地上空间，地上地下空间整体进行法定规划。没有法定控制规划保障城市地下空间互联互通开发的实施，是造成我国多数地下空间开发呈随意性、孤立性开发的主要原因。

2)管理控制体制混乱

管理部门的密切配合及完善的地下空间管理制度是城市地下空间综合网络化开发利用的基础。我国城市地下空间开发利用控制管理体制建设尚处在起步阶段，缺乏系统、规范的内容和程序要求。地下空间开发控制在规划建设、权属登记、工程质量和安全使用等方面的制度尚不健全。此外，地下空间开发利用涉及市政、人防等多个管理部门，无法形成统一的管理体系。

3)各产权开发利益协调难

地下空间的开发成本远远高于地上空间的开发建设成本，且随开发深度逐渐递增，众多开发商不愿进行地下空间开发或者仅仅停留浅层的开发建设，不仅造成地下空间资源的浪费，也阻碍了地下空间呈网络化发展。此外，在地下空间开发过程中的公共连接通道，由谁来出资建设、怎么建设连接通道、通道的管理和收益分配都是难以协调的问题。

4）建设时序导致地下空间难以相连

地下空间互联互通的开发建设是地下空间建立有机联系的基础，也是提高城市空间资源利用效率的有效途径。但现实中，各产权单位的开发建设通常发生在不同时段，无法协作，导致地下空间连通难，解决先建与后建、局部与整体的连通是地下空间互联互通规划与建设面临重点问题。

（2）城市地下空间互联互通开发的重要性

随着城市地下空间的大规模开发，地上地下空间的开发与建设逐渐呈一体化、网络化的发展态势，地下空间互联互通成为地下空间开发利用的必然趋势。孤立的地下空间形成网络体系，可以是要素流在地下空间网络中随意流动，不仅有利于地下服务设施成网络聚集发展，还可以拓展城市的公共空间，更有利于解决城市交通拥堵问题。

1）连通地下服务设施，发挥集聚效应

以轨道交通枢纽为中心，利用地下空间组织连通流线将商业功能、交通功能、文化服务功能的空间连为一体，形成大型综合的地下城，促使城市地下空间呈网络化发展，既能优化地下空间功能的空间结构，又能使串联的地下商业充分发挥经济的聚集效应。

2）拓展公共空间，丰富空间活力

利用地下人行系统合理组织连通流线，同时结合地下节点布置商业、广场和文化服务等形成主要公共空间。并通过公共空间的主轴线，向两侧布置商业功能和文化服务功能的设施。次要的公共空间结合街坊绿地合理布置，通过街坊间地下步行通道连接，重要节点设置露天下沉广场和垂直商业设施，形成立体化的公共开放空间。地下步行网络系统与公共空间结合，提供多层次的、具吸引力的公共空间。

3）连通地下交通设施，解决城市交通拥堵

地下交通设施的建设目的主要是为了解决人、车分流和城市交通堵塞以及停车位严重不足等交通问题。但地下空间的开发权属不同使各停车场自成体系，其出入口都与城市交通相连，造成交叉口的交通拥堵，反而造成地下空间开发建设的不利影响。通过地下停车场的互联互通减少地下停车场出入口的数量，不仅形成了地下交通体系，还实现地下停车场设施的共享，对解决出入口拥堵问题具有重要的实际意义。还可以通过地下轨道交通站点与地下停车场互联互通，形成“乘+停”模式，把地下空间动、静交通设施结合起来，对疏散车流、缓解城市交通问题都起到积极的作用。

（3）地下空间互联互通开发设计策略

1）制定地下空间连通原则

城市地下空间开发利用逐渐呈现多样化、深度化和复杂化的发展趋势。在功能类型上，逐渐从人防工程拓展到交通、市政、商服、仓储等多种功能类型；在开发深度上，由浅层开发延伸到深层开发；在开发规模上，由小规模单一功能的地下工程发展为集商业、娱乐、休闲、交通、停车等功能于一体的大型地下城。在明晰地下空间功能性质的基础上，确定各类型地下空间的连通原则。

安全性原则：地下空间的连通必须保障人的安全，需要考虑到可能存在的安全隐患，人流量大的地下空间除不宜与有危险的地下生产功能、市政功能相连通外，还必须与地下紧急避难场所相连通。

便捷性原则：为使人的行为活动在地下空间中方便快捷，必须减少地上地下的换行，相邻地下空间应以地下交通设施的连接为基础，并向外扩展连接各功能类型地下空间。

集聚性原则：应充分发挥地下空间网络化的最大效益，将地下功能类型相同或互补的空间连通起来，聚集商业气氛，相互联系产生集聚效应。

2）加强地下空间的控制性详细规划编制

我国大城市普遍编制或修编了地下空间开发利用总体规划或概念性规划，对城市未来地下空间开发的规模、布局、功能、开发深度、开发时序做出了安排，为城市地下空间的合理开发奠定了基础。但范围较大，基本属于战略规划，缺少对具体地块地下空间开发的强制控制和弹性引导。城市在编制控制性详细规划时，应根据地下资源状况，相应的增加地下空间的控制导则，统筹规划地面地下空间内容，动态立体开发地上地下空间。

在控制性详细规划中的地下空间部分中除了对地下空间的开发功能类型、空间使用兼容性、开发强度和层高的控制，还应着重增加地下空间的连通要求、通道接口位置、通道接口标高和通道接口宽度进行强制控制，并对不同功能地下空间的出入口进行弹性引导，尽量是在出入口位置设公共空间。

3）协调城市设计的各个层面贯穿互联互通

城市设计应更多地从地下空间形态、景观要求、使用者心理感受等方面提出地下空间连接通道设计的内容和要求，在满足功能的基础上，进一步提升空间品质。因此，各方地下空间连接通道的共同设计，是保障地下空间连接通道整体适宜性的关键。可由政府成立专门的地下空间管理单位，在选取功能相近、功能互补的地下空间在开发建设时，由管理单位协调各建设主体，统一通道设计。这样不仅能够满足地下空间城市意象的需要，还能满足功能自身发展的需要。如地下商业最佳的面宽与进深为6m × 8m或4m × 6m，各方尺度不合理，不仅影响了自身商业的发展，更影响到各方地下空间的连通设计。

地下交通连通轴线宜清晰明了，具有较强的导向性。各方独自建设地下交通，缺乏通道设计的一致性，不仅不能实现对地下交通的共享，反而会影响使地下交通网络的形成。

4）加大对地下空间互联互通开发的政策倾斜

明确地下空间权属及空间管理是政府鼓励地下空间互联互通开发建设的前提，如普通宅地和商务性质的用地的地下基础层（1～4层）归地上土地权属投资方，地下空间基础层以下的空间使用权由投资建设方。政府在出让土地时，将地上与地下基础层以下整体出让，有利于整体开发设计，整体使用。在公共用地（如广场）地下空间开发时，可由相邻地块的开发商进行开发，政府在地面的开发强度和土地出让金上给以减免；也可以单独出让地下空间，由投资建设商开发。

政府通过制定政策积极引导和协调出让地块的开发商按照规划来完成地下空间的建设，以及与公共用地地下空间的连通通道的建设，顺利推进地下空间的整体开发。

3.分项连通设计

（1）轨道交通车站与周边地下空间设施的连通

轨道交通车站是城市轨道交通网络重要的节点，其形式有地下站厅和地面站厅两种形式，与地下空间连通设计相关的主要是指站厅层位于地下的轨道交通车站。周边地下空间指与轨道交通地下车站相邻的具有独立使用功能并形成独立防火分区的其他类型的地下空间。

1）轨道交通车站与周边地下空间设施连通的类型

根据地铁车站周边的各类地下空间与车站连通的适宜性分为“适宜”和“不适宜”两类。其具体如下所述。

①适宜的类型

A. 地铁车站周边的其他公共交通枢纽，包括大、中型公交枢纽站、轮渡站、长途客运站、火车站、机场等，宜与车站直接在地下连通。

B. 地铁车站周边的大、中型地下机动车和慢行交通停车场，宜与车站直接在地下连通，以鼓励绿色出行方式的发展。

C. 人流密集的商业区、办公区，或其他城市重点区域，建筑物的地下空间宜与地铁车站连通，以共同形成区域性地下步行系统。且地下步行系统内公共属性最强的部分（步行枢纽区）应最优先与车站连通。地铁车站周边的各个地下商业设施，包括地下商场、地下商业街等，在业主有意愿的前提下，政策支持、鼓励其与地铁车站连通。

D. 地铁车站周边的地下文化设施，包括地下体育馆、地下展览馆、地下图书馆等，宜与车站直接在地下连通。

E. 地铁车站周边的地下人防设施，宜与车站直接在地下连通。

②不适宜的类型

A. 地铁车站周边的医院，不宜与地铁车站在地下直接连通。如兼具人防功能和有特殊要求，可考虑预留连通条件。

B. 地铁车站周边的地下机动车道、地下市政管网系统、地下设备用房、地下仓储用房等，不宜与地铁车站连通。

2）轨道交通车站与周边地下空间设施连通的方式

轨道交通车站与周边地下空间的连通方式，按二者在地下的空间关系（分水平方向上和垂直方向上的不同关系），分为以下五种：

①通道连通

地下车站与周边地下空间在水平方向上存在一定距离，二者之间通过一条或几条地下通道相连通。连接通道的功能定位主要分为两种：A. 纯步行交通功能的通道；B. 兼有商业服务设施的通道。

②共墙连通

地下车站与周边地下空间在水平方向上贴合在一起，二者共用地下围护墙，通过共用围护墙上开的门洞，实现连通。

③下沉广场连通

地下车站与周边地下空间之间设下沉广场，通过下沉广场实现二者之间的连通。

④垂直连通

地下车站与周边地下空间呈上下垂直关系，二者通过垂直交通（电梯、自动扶梯、楼梯）实现连通。

⑤一体化连通

地下车站被周边地下空间包围或者半包围，二者作为一个整体，同时规划、设计、建设。一体化连通是上述四种连通方式的综合运用，在设计上应遵从以上连通方式的所有技术要求。

3）轨道交通车站与周边地下空间设施连通的技术要求

①规划设计要求

轨道交通车站与周边地下空间设施的连通的规划设计主要分为三个层面：专项规划、控制性详细规划和城市设计。

A.专项规划层面主要从总体层面提出地下空间连通的原则和建设方针，研究确定城市地下空间连通的适宜性，统筹安排近、远期地下空间开发建设项目，并制订各阶段地下空间开发利用的发展目标和保障措施。

B.控制性详细规划层面主要是对规划范围内轨道交通车站与周边地下空间是否连通以及连通的功能要求、平面位置和长、宽、高度等要素，提出强烈性和指导性的规划控制要求，为地下空间开发的项目设计以及城市地下空间的规划管理提供科学依据。

C.城市设计层面主要是落实地下空间总体规划的意图，结合地区控制性详细规划，对地下空间的平面布局、竖向标高、公共活动、景观环境、安全影响等进行深入研究，提出地下空间连通的各项控制指标和其他规划管理要求。

②建筑设计要求

A.根据地下车站与周边地下空间的相对空间关系、建设时序、地下管线和地下构筑物情况、周围城市环境、内部步行流线的组织等因素，确定适宜的连通方式及连通点的位置。

B.合理预测连通后产生的客流量，连通设施的建设规模应与客流预测相匹配，保证乘客出行安全、集散迅速、便于管理，并具有良好的通风、照明、卫生、防灾等设施。

C.地下综合体的内部空间不宜过于复杂，宜体系简单，方向感良好。

D.连通设施宜实现无障碍通行。

E.地下车站与周边地下空间相连通的层面，埋深宜浅，以利于疏散。

F. 连通工程应满足防火、人防设计中要求的隔离性、密闭性。

（2）地下综合体（地下街）与周边地下空间设施的连通

我国对地下街的定义为修建在大城市繁华的商业街下或客流集散量较大的车站广场下，由许多商店、人行通道和广场等组成的综合性地下建筑。地下街已从单纯的商业性质演变为包括多种城市功能，包括交通、商业及其他设施共同组成的、相互依存的地下综合体。

1）地下综合体（地下街）与周边地下空间设施连通的类型

①多条相邻地下街之间宜相互连通，以组成复合型的地下综合体，当若干个地下综合体通过轨道交通连接在一起时，便能形成更大规模的综合体群，发展成为地下城。

②地下综合体、地下街与相邻铁路、地铁站等交通枢纽站之间宜相互连通。

③周边公共建筑物的地下设施，如地下商业、地下停车场宜与地下综合体、地下街连通。

2）地下综合体（地下街）与周边地下空间设施连通的方式

地下综合体与周边地下空间的连通方式上与轨道交通车站与周边地下空间设施的连通方式相同。主要为通道连通、共墙连通、下沉广场连通、垂直连通和一体化连通五种方式。

3）地下综合体（地下街）与周边地下空间设施连通的技术要求

①地下综合体与周边建筑、广场、绿地等结合设置时，宜与地下过街地道、地下街、其他公共建筑物的地下层相结合或联通。如兼作过街地道时，其通道宽度及其站厅相应部位应计入过街客流量，同时应设置夜间停运时的隔离措施。

②地下综合体内，与公共交通功能或综合交通枢纽单元直接连通。公共人行通道、人行楼梯、自动扶梯的通过能力，应按交通单元的远期超高峰客流量确定。超高峰设计客流量为该交通功能单元预测远期高峰小时客流量或客流控制时期的高峰小时客流量乘以1.1～1.4超高峰系数。

③与周边地下空间设施连通时，公共交通、综合交通枢纽、市政等功能单元的防火系统需独立设计。

④商业、观演、体育等人流密集的功能单元火灾情况下不得利用连通公共交通或综合交通枢纽通道的出入口通道等作为人员疏散的出口。

(3) 地下公共步行系统与周边地下空间设施的连通

地下公共步行系统与周边地下空间设施的连通主要是通过地下步行系统来打造一体化的地下公共空间，通过完善的地下网络，更好地实现人车分行的目标。

1) 地下公共步行系统与周边地下空间设施连通的形式

目前，地下公共步行系统与周边地下空间设施连通的形式根据地下公共步行系统的功能的不同分为两种：

①专用的地下公共步行连通通道与周边地下空间设施连通，该形式的公共步行通道功能单一，主要通过步行系统来串联各地下空间设施，如香港的地下公共步行系统。

②功能复合的地下公共步行系统与周边地下空间设施的连通。所谓功能复合即指除了通道本身的公共步行功能以外还有商业服务等功能，如日本的地下街。

2) 地下公共步行系统与周边地下空间设施连通的平面布局原则

①以整合地下交通为主的原则

从城市中心区发展的趋势来看，以地铁和地下停车库为代表的地下机动车动静态交通体系是发展的趋势。通过地下公共步行系统来整合地下空间能够更好地实现地上地下多种交通方式之间的换乘，提升城市整体的交通效率。

②体现城市功能复合的原则

地下公共步行系统除提供步行交通功能之外，同时也集聚一定的社会活动（如商业、休息、娱乐、艺术等），一个完善的地下公共步行系统是需要有充足的人流来体现其活力的，否则会让人在其中缺乏一定的安全感。因此在地下公共步行系统的布局中往往把一些其他城市功能与其相结合（如与商业结合形成地下商业步行街），这样不仅可以将人流吸引到地下，还可以充分发掘这些人流潜在的商业效益，因此在地下公共步行系统平面布局中应遵循体现这种城市功能复合的原则。

③力求便捷的原则

地下公共步行设施的首位功能还是通勤，如果其不能为行人创造内外通达、进出方便的通行条件，就会失去其设计的最初意义。在高楼林立的城市中心区，应把高楼楼层内部设施（如大厅、走廊、地下室等）与中心区外部步行设施（如地下过街道、天桥、广场等）衔接，并通过这些步行设施与城市公交车站、地铁站、停车场等交通设施相连，共同组成一个连续的、系统的、完善的城市交通系统。

④环境舒适宜人的原则

现代城市地下公共步行系统通过引入自然光线、人工采光及自然通风与机械通风系统结合等技术手段，使地下步行环境得到很大的改善，已经不是人们传统印象中单调、黑暗的地下通道。通过这些手法使地下公共步行系统的平面布局更加灵活多变，因平面布局的丰富化也使地下空间更富有层次和变化，地下空间的品质得到提升，从而吸引更多的人流进入地下空间。

⑤重视近期开发和长远规划相结合的原则

地下公共步行系统的形成不是一蹴而就的，而是个长期积累综合发展的过程，如加拿大蒙特利尔地下步行系统是用了近35年的时间才有如今的规模，才有地下城的美誉。因此，在地下公共步行系统建设时应根据城市发展的实际情况确定近期建设目标，同时考虑远期地下公共步行系统之间的衔接。为此地下公共步行系统平面布局应反映系统形态发展的趋势。

3）地下公共步行系统与周边地下空间设施连通的平面布局模式

地下公共步行系统从平面构成要素的形态来看，主要是由点状和现状要素构成。由于所组成的城市要素有其各自性质和特征，在系统中的作用和位置互不相同，相互联系的方法和连接的手段也趋于多样，地下公共步行系统的平面构成形态也有多种。陈志龙学者在《城市地下步行系统平面布局模式探讨》一文中将地下步行系统的布局模式概括为四种：网络串联模式、脊状并联模式、核心发散模式及复合模式。本书引用该四种模式来阐述地下公共步行系统的平面布局模式。

①网络串联模式（图3-8）

在地下步行系统中，由若干相对完善的独立结点为主体，通过地下步行街、步行道等线形空间连接成网络的平面布局形态。其主要特点是在地下步行网络中的结点比较重要，它既是功能集聚点，同时也是交通转换点。因此每个结点必须开发其边界，通过步行道将属于同一或不同业主的结点空间连接整合，统一规划和设计。任何结点的封闭都会在一定程度上影响整个地下步行系统的效率和完善性。这种模式一般出现在城市中心区中将各个建筑的地下具有公共性的部分建筑功能整合成为系统。其优点在于通过对节点空间建筑设计，可以形成丰富多彩的地下空间环境，且识别性、人流导向性较好，但其灵活性不够，应在开发时有统一的规划。

②脊状并联模式（图3-9）

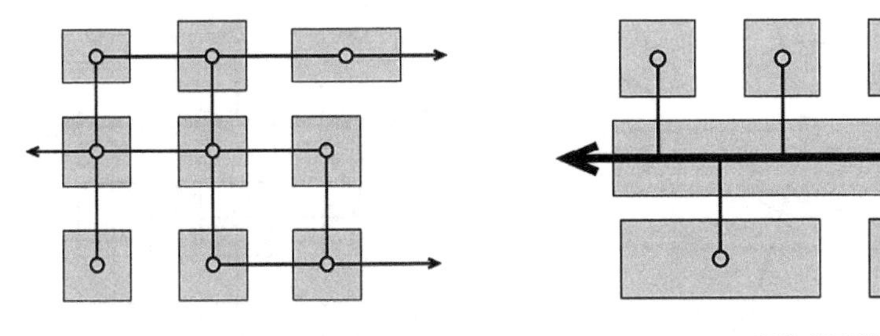

图3-8　网络串联模式　　　　图3-9　脊状并联模式

以地下步行道（街）为“主干”，周围各独自结点要素分别通过“分支”地下连通道与“主干”相连。其主要特点是以一条或多条地下步行道（街）为网络的公共主干道，各结点要素可以有选择的开发其边界与“主干”相连。一般来说主要地下步行道由政府或共同利益业主团体共同开发，属于城市公共开发项目，以解决城市区域步行交通问题为主，而周围各结点在系统中相对次要。这种模式主要出现在中心区商业综合体的建设中。其优点是人流导出性明确，步行网络形成不必受限于各结点要素。但其识别性有限，空间特色不易体现，因此要通过增加连接点的设计来改善。

③核心发散模式（图3-10）

由一个主导的结点为核心要素，通过一些向外辐射扩展的地下步行道（街）与周围相关要素相连形成网络。其主要特点在于核心结点是整个地下步行网络交通的转换中心，同时在很多情况下也是区域商业的聚集地，核心结点周围所有结点要素都与中心结点有联系。相对而言，非核心结点相互之间联系较弱。这种模式通常在城市繁华区广场、公园、绿地、大型交叉道路口等地方，为城市提供更多的开放空间，将一些占地面积较大的商业体综合地下空间进行开发利用，同时通过区域地下步行道（街）同周围各要素方便联系。其优点体现在功能聚集，但人流的导向性差，识别性也比较差，必须借助标识系统和交通设施的引导。

④复合模式（图3-11）

城市功能的高度积聚使地下步行系统内部组成要素比以前更加丰富。以追求效率最大化为目标，在地下步行系统开发中，表现为相近各主体和相应功能的混合，开发方式趋于复合。体现在地下步行系统的平面中就是以上三种平面

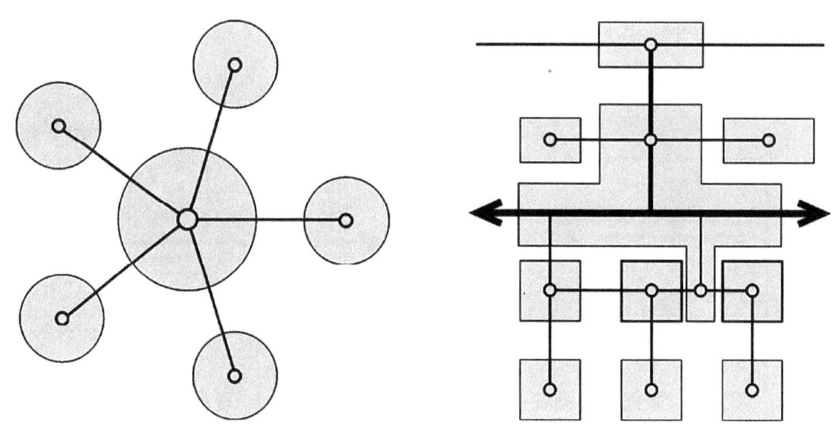

图3-10　核心发散模式　　　　图3-11　复合模式

模式的复合运用。在不同区域，根据实际情况采用不同的平面连接方式，综合三种模式的优点，建立完善的步行系统。目前，相当一部分具有一定规模的步行系统都是采用各种方式的复合利用。

（4）重点片区人防工程设施之间的连通

我国早期人防工程，由于受到当时战争形态和经济的制约，大部分工程设计和施工水平较低，且大多没有考虑连通的问题，工程之间相互独立。修建人防工程与地下空间之间的连接通道或干道工程，连接城市各类人防工程和地下空间，作为城市全面受灾时人员相互转移的主要通道，将对人员主动防护起重要作用，提高城市的综合防空防灾能力。

1）重点片区人防工程设施之间连通的类型

根据人防工程设置连通口的必要性和可行性的分析，总结如下。

①一般5级、6级全埋式人防地下室，如果顶板覆土深度不太厚，底板埋深不超过5m的宜设置连通口。此类连通口，应安装向连通口一侧开启的防护密闭门，防护及按照人防工程的防化及防护等级设置。

②专业队掩蔽所、指挥所、人防救护站宜设连通口。此类场所设置连通口具有重要的战略作用，连通口应按更高的设计规范要求来设计，设计人员应引起足够重视。

③位于地下二层及以下层的人防工程，不宜设置连通口。此类人防工程埋深大，加上各种城市管网分布复杂，地下不可知因素太多，而此类人防工程数量相对较少。不论要实现相近深度人防工程的连通，还是要与埋深较大的人防工程的连通都相当困难。既然实现连通的可能性很小，设置连通口弊大于利，

不如不设。

④对于埋深小、半埋式人防地下室和6B级人防地下室不宜普遍设置连通口，应因地制宜综合考虑。此类人防工程一般分布在居住小区，多位于砖混结构房屋之下，分布密集，防护级别偏低。

2）人防工程设施之间连通的技术要求

①在《人民防空地下室设计规范》GB 50038—2005中规定：根据战时及平时的使用需要，邻近的防空地下室之间以及防空地下室与邻近的城市地下建筑之间应在一定范围内连通。

②相邻抗暴单元之间应设置抗暴隔墙。两相邻抗暴单元之间应至少设置1个连通口。在连通口处抗暴隔墙的一侧应设置抗暴挡墙。

③两相邻防护单元之间应至少设置1个连通口。在连通口的防护单元隔墙两侧应各设置一道防护密闭门。

④当两相邻防护单元之间设有伸缩缝或沉降缝，且需开设连通口时，在其防护单元之间连通口的两道防护密闭隔墙上应分别设置防护密闭门。

⑤在多层防空地下室中，当上下相邻两楼层被划分为两个防护单元时，其相邻防护单元之间的楼板应为防护密闭楼板。其连通口的设置应符合下列规定：

A.当防护单元之间连通口设在上面楼层时，应在防护单元隔墙的两侧各设一道防护密闭门；

B.当防护单元之间连通口设在下面楼层时，应在防护单元隔墙的上层单元一侧设一道防护密闭门。

从近年来人防工程的发展趋势来看，单独建立的地下人防工程已相对较少，更多的是在地下设施的开发中考虑人防兼顾、遵循平战结合的原则，提升地下空间的使用效率，如地下车库的人防兼顾、综合管廊的人防兼顾等，该类型的人防工程设施的相互连通，则主要是在地下设施连通本身的原则和技术要求上考虑兼顾人防的功能，提升地下空间的区域化防灾水平。

（5）综合管廊与沿线开发建设地块的连通

综合管廊与沿线开发建设地块的连通主要涉及两个方面：①综合管廊与地块供给上的连通；②综合管廊作为应急疏散通道与周围设施的连通，即兼顾人防的综合管廊设计。

1）综合管廊与沿线开发建设地块连通的技术要求

①规划上

A.综合管廊工程规划应集约利用地下空间，统筹规划综合管廊内部空间，协调综合管廊与其他地上、地下工程的关系。

B.综合管廊应与地下交通、地下商业开发、地下人防设施及其他相关建设项目协调。

②设计上

A.综合管廊管线分支口应满足预留数量、管线进出、安装敷设作业的要求。相应的分支配套设施应同步设计。

B.综合管廊设计时，应预留管道排气阀、补偿器、阀门等附件安装、运行、维护作业所需要的空间。

C.综合管廊与其他方式敷设的管线连接处，应采取密封盒防止差异沉降的措施。

D.综合管廊的每个舱室应设置人员出入口、逃生口、吊装口、进风口、排风口、管线分支口等。以上管廊的连通口及管廊露出地面的构筑物还都应满足城市防洪要求，并采取防止地面水倒灌及小动物进入的措施。其中人员逃出口宜与逃生口、吊装口、进风口结合设置，且不应少于2个。

2）兼顾人防的技术要求

在综合管廊能够满足人民防空的一定要求下，可通过适当增加与周边地块地下空间设施的地下连通道，在各预留连通口部辅助装备临时通风设备，来满足战时临近建筑及地下空间设施人员临时应急疏散通道使用。主要在原有综合管廊设计中增加地下连通口的规划设计，结合人接触管线孔口防护、电气及消防设施等进行针对性兼顾人防的防护技术措施研究与补充设计。

4.分项整合设计

在齐康先生的《城市建筑》一书中提出：整合是对建筑环境的一种改造、更新和创新，即以创造人们优良生态环境、人居环境为出发点的一种调整，一种创新的设计和创造。宏观上是自然与人造环境的整合，又是人造环境本身的调整，它是一种建设活动。整合的目的是改善和提高环境质量，整合是一种手段和方法，是策划、设计，是一种行动，从某种意义上说又是从环境出发对人们生理、心理的调整。作为规划师、建筑师，在城市设计中，整合的作用是创造一种优良环境、一种物质环境的设计，以达到使用功能的效益和效能，达到精神文化、艺术表现和物质的、美学的、生态的三方面的要求。

整合机制的层次主要分为三类：①实体要素的整合；②空间要素的整合；③区域的整合。地下空间从其不可逆的开发特性来说，整合对于地下空间的开发更为重要。

（1）地铁车站区域的整合设计

1）地铁车站区域整合设计的功能

以地铁车站区域地下地上的城市功能来分析，把地铁车站区域整合的功能分为三大类来阐述：与其他城市交通功能的整合、与其他城市建筑功能的整合及与城市其他功能的整合。

①与其他城市交通功能的整合

地铁车站作为城市地下交通系统中重要的立体化开发节点，是多种交通工具之间转换的直接结合点，通过地上与地下空间的整合开发，形成集铁路、公交汽车、自行车库、停车场、步行系统等多种交通设施综合开发的立体交通枢纽，再结合地铁车站本身形成地下过街道、地下建筑之间的连接通道、公共交通之间的换乘通道等，建立高效的地铁与其他交通工具之间的换乘系统（图3-12）。

②与其他城市建筑功能的整合

地铁车站作为衔接人群地上地下活动的重要转换空间。适宜在地铁车站区域进行立体化、网络化的综合开发，形成集交通、换乘、停车、商业、文化、娱乐等功能相结合的综合空间，并通过对空间进行有序整合，使其成为城市空间的一个重要节点，发展形成功能多元复合的地下综合体（图3-13）。

图3-12　地铁车站区域的竖向整合

图3-13　横滨MM21地区

③与城市其他功能的整合

地铁站地下空间的开发考虑与市政公共设施、综合管廊和平战结合的人防工程等功能有效衔接整合。

2）地铁车站区域整合开发的模式

①适应环境，改造更新

适用于历史悠久的旧城改造，将区域的旧城改造和地铁建设同步进行，充分利用地铁车站区域的地下空间开发，将部分功能引入地下，既保护、减少了对现有环境的影响，又适应旧城改造新的需求。

②综合设计，统一建造

适用于城市新区的开发，将新区的地铁站区域和周围的交通及其他功能建筑统一规划设计、一体化建设。

③独立建设，紧密结合

适用于分批建设的新城，对地铁车站区域地下空间做完整且预见性的规划，为未来地下空间发展用地预留位置，分批建设。虽然建设时序上有差异，但是由于规划上一次到位，为未来的开发打下基础。

（2）地下公共服务设施的整合设计

根据地下设施功能开发的特性分析，公共服务设施整合的功能主要有：

1）多项地下公共服务设施间的整合

地下公共服务设施的开发大多在城市公共用地下，其开发具有规模大、一体化等特点。开发的地下公共服务设施不会仅是单一功能，适宜将多种地下公共服务设施做一体化整合开发，如文化娱乐设施与商业等的结合开发。

2）与地下交通设施的整合

地下道路、地下停车、地下轨道交通作为分担城市交通压力的重要地下化措施，将其与地下公共服务设施结合设计，能够提升地下设施服务的一体化，避免人群过多地在地上地下空间之间进行转换，更有利于扩大地下公共服务设施的服务范围。

3）地下商业与地下公共步行系统的整合设计

通过地下公共步行系统，串联多个地下商业设施，形成一定规模的地下商业街，充分利用地下的人行流量发挥地下空间的综合效益。

如图3-14所示案例，该区域对地上地下进行了一体化的整合开发，将多种城市功能融于一体，其中包括地上的商业、办公、娱乐功能及地下的轨道交通、公交枢纽、地下快速路、地下步行通道、地下停车库、地下商业娱乐等功能。

图3-14 地下公共服务设施的多元整合

(3) 地下综合体的整合设计

地下综合体是指建设在城市地表以下的，能为人们提供交通、公共活动、生活和工作的场所，并具备配套一体化综合设施的地下空间建筑。童林旭教授在此基础上对地下综合体的定义进行了深化，认为地下综合体是伴随城市的立体化再开发，多种类型和多种功能的地下建筑物和构筑物集中在一起，形成规划上统一、功能上互补、空间上互通的综合地下空间。此外，地下综合体与城市其他功能要素的整合也是至关重要的，其整合主要包括与城市广场、绿地、道路、地面建筑、城市交通以及地下建筑之间的整合、与城市区域整合等多个方面。

1) 地下城市综合体与城市广场、绿地的整合

地下综合体与城市广场、绿地的整合主要是在功能与形态结构的整合，通过设置地上地下基面联系要素，实现两者城市活动的延续和连续。本书简要介绍地下综合体与城市广场、绿地整合的两种方式。

①下沉广场的整合

下沉广场整合地下综合体与城市广场、绿地，根据所处位置的不同可分为位于广场一端、位于广场中间两种基本布局，主要作用是通过其加强与城市的联系，将地面自然活动和环境引入地下空间，进而提高商业效益、改善地下空间环境品质。

②地下中庭的整合

根据地下中庭立体化、开放性、公共性的特点，在整合地下城市综合体与城市广场、绿地中可以发挥重要作用，将自然环境引入地下空间，形成地上地下的视觉关联，实现地上地下的融合、渗透。

2）地下城市综合体与道路的整合

城市道路一般属于公共性用地，其地下空间较少存在权属问题，所以其往往成为地下综合体开发的重要载体之一。与城市广场、绿地的完整块状用地不同，道路的空间形态相对较窄，所以地下综合体与道路的整合方式与广场、绿地的有所不同，主要通过设置下沉广场、楼梯、自动扶梯、坡道或者其他形式的垂直交通设施实现二者城市活动的延续和连续。

3）地下城市综合体与地面建筑的整合

地下城市综合体整合的地面建筑，通常是城市综合体、商业中心等公共建筑。地下城市综合体与地面建筑的整合，主要通过设置地下中庭、楼梯、自动扶梯、坡道或者其他形式的垂直交通设施等来实现地上地下建筑之间的联系和连续。根据地上地下基面联系要素和空间形态竖向整合的不同，分为仅通过垂直交通设施构建要素的联系、局部通过地下中庭的联系、通过城市中庭的联系。

4）地下建筑之间的整合

当面对快速发展的城市以及特殊地形的原因时，城市地下空间必然处于新与旧、高与低、自然与人工等多重矛盾中。由于地下城市综合体规模庞大，在不同地块、不同权属、不同深度的地下空间，在开发时序上往往分阶段实施，针对当前我国地下建筑各自为政、缺乏联系的问题，如何通过城市设计实现地下建筑之间的整合，保持区域内城市地下空间形态的连续性、一致性，是当下我国城市地下空间开发面临的重要问题，也是促成地上地下一体化发展的根本基础。

根据空间形态整合方式的不同，地下建筑之间的整合可以分为拼接、嵌入、缝合三种方式。拼接是两个地下建筑在水平方向上直接相邻拼接并整合成一个整体，通过竖向设计、垂直交通的整合使得两个地下空间连接顺畅，地下步行系统保持连续性、舒适性和步行通道宽度的一致性。嵌入是一个建筑在水平方向或垂直方向植入另一个地下建筑的剩余空间中从而形成一个整体。“嵌入”这种模式是新旧地下建筑组合在一起，使原有的地下空间格局有所改变。

缝合是通过新开发的地下空间将两个分离的地下建筑联系、组织成一个整体。

5）地下综合体与城市交通的整合

地下综合体与城市交通的整合不仅仅是为了提高城市交通运转的效率，同时也是为了满足人的要求，给人们的生活提供最大的方便。一方面要以人为中心，处处为人考虑，提供适合步行的人性化环境；另一方面，要考虑随着技术的进步和不断发展变化的机动交通，他们之间的衔接和协调是地下城市综合体与城市交通整合的重要内容。

地下综合体与城市交通的整合主要集中在三个方面：①与城市快速轨道交通系统进行衔接；②与城市地铁网络规划紧密结合；③与城市步行系统有机融合。大型的地下综合体主要是通过总体规划阶段的城市设计来进行策略性控制，而相对规模较小的地下综合体则是在上述策略性控制与指导下进行的具体设计活动。

（4）地下道路与综合管廊的整合设计

1）地下道路与综合管廊整合设计案例

①市政管线设施与地下道路共构设计

从综合管廊的断面中可以看出，其将地下道路分为上下两层，在其周边区域内布局其他相应的设施，来实现二者共构设计。但相对来说，其整合的市政管线设施相对有限，如图3-15所示。

图3-15 市政管线设施与地下道路共构设计

②地下道路与地下河川的整合设计

日本地下车道与地下河川整合设计的共同沟断面图，将二者布局于同一圆形共同沟内，底部作为地下河川的通道，在地下河川上加盖板，其上部位作为车行空间，如图3-16所示。

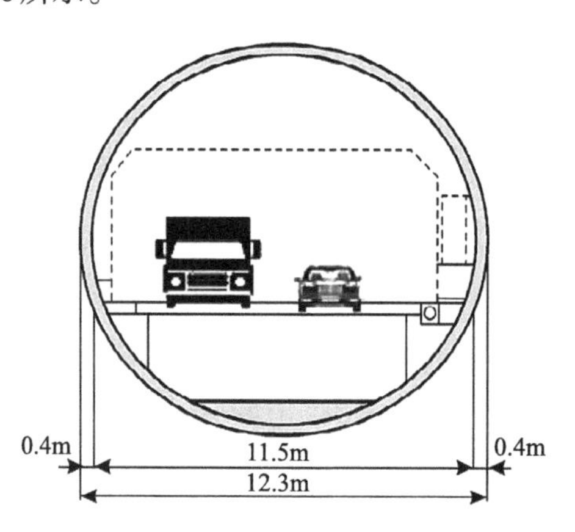

图3-16 日本地下道路与地下河川的整合

③地下环形道路与综合管廊及其他设施的整合设计

地下环形道路作为浅埋的地下道路，其主要起连通区域内地下空间设施的作用，整合综合管廊设计，主要是充分合理地利用地下浅层空间的开发，一般根据需要将综合管廊以独立分隔的舱室单独安置其下或其上。如图3-17所示案例，即将综合管廊安置在地下环形道路下方，地下环形道路在横向上连通了周边建筑的地下停车空间。

图3-17 地下环形道路与综合管廊及其他设施的整合设计

2）地下道路与综合管廊整合设计的模式

从上述的案例分析来看，地下道路与综合管廊整合设计的模式主要有以下两种。

①地下浅层空间开发中的两者整合

浅层空间布局的地下道路及综合管廊的特点主要是与相邻地块的相互连通较多，在同一区域内将二者进行整合，能一定程度上节约建设成本，提升综合效益。

②地下深层空间开发中的二者整合

对于地下道路及综合管廊未来在地下深层空间的开发中，将二者结合进行共构设计，有利于深度地下空间的集约化利用及综合化管理。

（5）地下物流设施与其他设施的整合设计

根据地下物流设施的开发特性分析，能与其结合设计的地下设施功能主要有以下两方面。

1）与综合管廊的整合

远期综合管廊将向地下深层空间发展，地下物流设施作为地下空间远期的开发功能，二者的整合开发有利于地下深层空间的综合开发。

2）与地下仓储设施的整合

将地下物流结合地下仓储更有利于地下物流网络系统的建立，实现未来地下物流系统的一体化、自动化发展。

（六）环境设计研究

1.环境设计概念

地下空间环境设计涉及众多方面的内容。地下环境空间设计多样性的特点非常显著，是展现城市文化的重要组成部分。

地下空间环境设计不仅仅属于视觉审美效果系统的范畴，它既包括环境规划、整体布局、管理保护和恢复在内的整体复杂性、综合性的系统，也是融自然科学、人文艺术、应用科学等众多学科在内的系统性工程。城市地下空间环境设计内涵的多元化特征，导致其在设计过程中应该综合考虑多方面因素，例如心理层面、情感层面、艺术层面、历史层面等。

2.环境设计要素

地下空间环境设计具备恒定的温度和湿度，同时在抗灾防灾、节约能源层面具有众多优点。但也有通风不佳、采光不足等劣势。在对城市地下空间环境设计过程中，应注重将多种要素相互结合，进行综合性考虑。

（1）植物视觉要素

植物是环境空间的载体，具备限定空间、引导指示以及丰富空间的意义。绚丽缤纷的植物能够有效缓解地下空间环境的压抑和冰冷，缓解人们内心的消极感受。在植物要素选择种类时需要注意：一是针对地下空间环境的具体特点，应选取耐阴、耐酸、耐碱性植物；二是以观赏价值较高的常绿植物为主，并辅之以城市特色季节性花卉；三是选择容易成活的植物，便于栽培管理。

（2）山水视觉要素

在设计过程中，将传统文化中意义深重的山水景观引入地下空间，能够直接仿制出户外环境，让人心旷神怡。山水景观是城市地下空间环境设计过程中的重要因素之一，能够制造宜人的环境氛围，供民众休憩娱乐。山水景观包含形式多样，与植物视觉要素形成整体性配合，能够形成山水园林景观。

（3）公共艺术要素

公共艺术景观是城市地下空间环境要素的核心部分，更是展现城市文化、体现城市艺术的重要组成部分。通常情况下，城市地下空间环境公共艺术要素从以下几个方面体现出来：

首先，地面装修情况。城市地下空间地面装修应考虑到安全、材质、肌理、图案等方面的需求。艺术性较为强烈的地面装修能够有效地提升城市地下空间环境的整体效果。

其次，立面装修情况。除了考虑地面装修基本要素之外，立面装修还应与地面保持相互和谐。墙面处理最好简洁明了、色彩轻快，满足吸声防潮等实际功能。在大多数情况下，城市地下空间环境立面处理都会考虑采取竖向线条，形成独特效果，减少人们内心的压抑感。

最后，天棚设计应考虑到抗震减声、防火防潮。在天棚处理过程中，设计者最好能够营造出错落有致、变化丰富的地下空间，并结合灯光照明，引导地下空间方向。

（4）灯光照明要素

城市地上空间环境与城市地下空间环境灯光照明既有区别又有相似，区别主要体现在城市地上空间环境的灯光可以根据一天中的时间分为两个部分：白天城市地上空间大部分地区完全可以借助太阳光的照射，小部分地区可能需要借助灯光的光照。而城市地下空间环境在运行过程中全程都需要灯光的照明，甚至可以说，灯光照明从某种程度上决定了城市地下空间的正常运转，如果没有灯光照明，加上城市地下空间的特殊性，地下空间将会陷入瘫痪状态。所以，灯光照明也是城市地下空间环境中的重要组成部分。

（5）空间围合要素

城市地下空间景观环境通常也是有三面围合景观构成，即地面、墙面和天棚。

1）地面的铺装通常要考虑材质、颜色、图案、安全等方面的要求，耐磨防滑、易于清洁是基本需求；符合心理需求的色彩选用，具有引导、富于韵律的图案拼贴是满足不同功能的城市地下空间景观环境的高级需求。富有美感的地面铺装设计对于烘托地下空间景观环境有着积极的作用。

2）墙面的装修除了要考虑地面铺装所要求的因素外，还应注意与地面铺装统一和谐。墙面处理简洁、色彩运用明快、满足吸声防潮防火的要求。通常采用竖向线条墙面的处理对增大空间、减少压抑有着独特的效果。由于线条构成对人视觉有一定影响，在地下空间中运用这一特性对转换空间有着很好的导向作用。

3）地下空间的天棚应有较好的抗震消声、防火防潮、反射光线等性能。天棚的处理可以创造出高低错落、富于变化的地下空间，通常天棚的处理都结合灯光照明来限定空间，引导方向。

地下空间设计中通过对地面、墙面天棚的设计，来实现他们所围成空间的功能作用。同时也可以通过相应的围合手法，通过地面、墙面的材质及高低变换等方法从大的方面营造划分出富有趣味性的空间环境。

（6）材料饰品要素

不同的材料会给人不一样的感觉，在地下空间景观设计中，不同的材料的运用会给人带来不同的质感体验。合理的用材不仅可以节约建造成本，而且会给人带来良好的感官体验。

材料的质感方面：

1）金属材料所特有的质感和色泽，使设计更具现代感；

2）透明玻璃墙材质通透轻盈、给人很强的现代感；

3）天然木材的纹理和色泽给人以温馨的回归自然之感。现代弯曲技术使木材和木材加工产品达到理想的自由造型。

材料的色彩美感方面：

1）材料本身具有天然色彩特征和色彩美感，是不需要进行任何色彩加工和处理而具有“自然美”的，如天然石材、木材、竹材、黏土、秸秆等；

2）成品材料所具有的色彩，在表现中也无须经过后期的加工和处理而具有“机械美”；

3）依据室内空间造型要求和实际表现的对象，采用多种加工技术和工艺手段对自然或成品材料进行色彩处理，改变材料本色。

3.环境设计理念

（1）满足身心愉悦基本需求

1）提供良好的空气品质与通风条件

人体对空气环境的要求有清洁度、舒适的电化学性能、合适的温度湿度和恰当的气流速度等。地下空间中也不例外，由于其特有的密闭性而使通风显得尤为重要。对于具体工程应结合应用要求，综合采用各种通风及洁净空气的辅助设施，保证地下空间的空气品质，满足人体健康舒适的要求。

2）提供良好的光照条件

天然光照环境能满足人们生理（视觉）、心理和美学的需要。缺少太阳光的照射会影响人体健康早已被现代医学所证实。因此，地下空间的设计应尽可能地获得自然光线，常用的方法有室内的顶部设置天窗或部分玻璃屋顶、侧窗、天井等。当然，完全依靠自然采光是不够的，也是不可能的，目前只有通过人工照明措施弥补其不足，克服人进入地下空间后感觉昏暗、封闭等不良感受。人工照明主要需注意避免出入口照度反差过大与建筑内部照度不够两方面的问题，具体来说，使室内外的光照反差减至最小，白天应使出入口处照度高于内部照度，并尽可能接近室外天然光线的照度，晚上则相反。而建筑内部的照明应尽可能模仿白昼光的光谱成分，根据建筑内部的功能要求，选择合适的照明度、均匀度。

3）提供宽阔舒适的空间

地下空间容易产生封闭的感觉，即使是相同体积的空间，由于人的心理作用，人们会认为地下空间比地上空间要小，从而感到压抑。所以在建筑布置上，应采用适当的空间处理手法，尽量避免低矮、狭窄的空间，如采用高顶棚、灵活使用镜子、采用开敞式平面布置及间接采光方式等。

4）提供自然景观环境

地下空间中单一、沉闷的气氛，容易使人产生与世隔绝的感觉，令人紧张

惯、操作习惯，方便消费者，既能满足消费者的功能诉求，又能满足消费者的心理需求。城市地下空间环境设计中的人性化原则是指设计者在设计城市地下空间的时候需要充分考虑到各阶层消费者不同的需求。

1）无障碍设计

对于无障碍设计，不能简单地理解为只是为视障人士设计的，现今在城市地下空间中基本都设置了盲道，已能方便视障人士的出行。但是却往往忽略了很多行动不便的人更需要出行，这就需要在地面空间与地下空间转换的地方设置辅助设施，来保障他们的出行。对于地下换乘空间的设计不应停留在表层，而应从多个层次如防滑、声音提示、照明处理等方面进行综合考虑。

2）信息导向系统设计

城市地下空间位于地面以下，没有相对参照物，这使得人们身处其中时会方向感不强，无法正确地辨别信息。因此，完善和准确的信息导向系统设计在地下空间导向性方面起着巨大的作用。目前，我国城市地下空间导向系统设计运用相对成熟的是在地铁车站中。尽管还有不完善之处，但是相比其他地下空间没有或只有很少的导向系统来说已是很大进步。如上海地铁，它在借鉴了其他城市地铁导向系统设计的基础上，更加注重人性化设计，整个地铁站内的标识系统更高效、更科学。整个地铁导向标志采用中英两种文字表现更加人性化。站台上，每隔一定距离有等离子显示屏滚动显示后续列车的到站信息。乘客进入车厢后，即使不求助站务人员，也可以清楚地了解列车运行方向、下一停靠站和换乘等信息。并对包括导向标识牌、紧急疏散标识牌、卡通提示牌等在内的一整套导向标识均作了合理设计。

3）配套服务设施设计

人处于不同的城市地下空间，会有不同的活动行为，如工作、等候、休憩、会面等。正是由于人活动行为的不确定性，决定了城市地下空间中必须存在必要的休息设施及配套服务设施，同时这些设施设计应该体现人性化的需求。

（5）和谐性原则

城市地下空间环境设计中的和谐性原则是指城市地下空间环境是由很多种因素共同创建的，设计者在设计城市地下空间的过程中要充分考虑各种因素组成在一起的协调性与和谐性。虽然现今是一个讲究个性的时代与社会，但不容置疑的是，人类的基本审美是难以改变的，况且，城市地下空间作为一种公共空间而存在，更需要共性，而不是个性。此外，城市地下空间本身就与城市地上空间不同，相对于地上空间，地下空间的空间更小，人们更容易感受到一种束缚感，环境作为重要的缓解物，其搭配组合十分重要。

5.景观设计

（1）地下出入口空间景观的设计

1）下沉广场式入口

①下沉广场式地下空间出入口的概念

地下空间的出入口是地上、地下空间的结合点；下沉广场式出入口是指将地上、地下空间竖向联系的梯段向外移出一段距离，从而使得地下入口部分地坪面延伸至城市外部空间形成一个宽敞的平台，此时，地面地坪与地下入口处平台竖向落差所围合构成的空间就是下沉广场。

对下沉广场式地下空间出入口的界定还应包括如下要素：

A.出入口形式是广场性空间，而非线性空间；

B.出入口区域的地坪低于周边环境。

C.下沉广场的特点

②下沉广场代表了地下空间的外观形象

下沉广场人流量较大，可成为城市的公共休闲空间。其景观应包含周围的建筑装饰面、天空和地平线。尽可能大量应用植物要素如草坪、花卉及一些常绿小乔木来加强与广场周围环境的呼应，并可辅以水体与建筑小品形成自然生态的景观环境。通过在出入口广场内布置露天茶桌、景观树木、雕刻或喷泉跌水等，来营造一个舒适的景观环境。

③下沉广场式入口的景观空间构建

下沉广场出入口是一个特定的空间，相比其他广场，它具有一定的特殊性：它是一个地上、地下转化的交通空间，也是地下空间向外部空间的延伸，还可以理解为城市空间向地下空间的过渡，这种交通功能与空间的中介性融合，使其在景观环境设计中不能按常规设计的各要素比例大小来构图分析。场地中的交通路线设计、场地中的交往空间营造、对空间转换起过渡与缓冲作用性质的景观形态、利用落差水体的设计、标识的设计等是下沉广场地下入口景观设计的重点。应该按照景观各要素在环境中所占比重的大小来逐一对出入口空间的景观要素进行分析，然后进行景观要素的搭配和景观空间的构建。

地下空间出入口区域的景观空间形态的构成主要包括了功能要素和形态要素两大范畴，功能要素是地下空间出入口区域形成的必要前提和广场活动的起因，它是地下空间出入口区域作为城市公共空间赖以存在的基础，是地下空间出入口形态的灵魂；形态要素直接构成地下空间出入口区域的实体形态，是地下空间出入口区域功能要素的空间载体，是地下空间出入口区域形态的骨骼与肌体，它保证了地下空间出入口区域各项功能正常、高效的运转。这二者的有机结合对于地下空间出入区域功能形态的景观塑造和对城市功能空间系统的整合都具有非常重要的作用。

④下沉广场景观布局方式

下沉广场出入口的平面布局方式有以下两种思考方式。

A.从使用功能出发为设计出发点，以广场中某一主要功能为出发点进行布局，或是平衡综合各个功能的需求统筹设计。例如，以交通动能占主导地位，则其他商业及服务空间布置在主体交通空间的周边，留出足够空间以满足交通功能的需求，此类广场空间的通道明显、导向性强。当以商业服务空间为主导时，交通空间则围绕其周边，此时空间的向心性较强，具有较强的吸引力。如上海静安广场在布局中，利用逐级下沉的广场、通透的廊道空间，建立多层次的空间。

B.从与周边城市环境关系的角度出发，布局方式可以分为有轴线对称式、自由组合方式和混合式。美国洛克菲勒广场就是采用中轴对称式，在高楼林立的建筑群中做出了一个下沉性空间，通过露天的楼梯与地面相连，并在广场中设置了大量植物和喷泉景观，既解决了地上与地下空间的交互功能，同时也自然而然地融入了城市的整体大环境中。

2）开敞式楼梯入口

这种入口直接由楼梯，地下扶梯进入地下空间，入口空间相对局促，通常用作为地铁站的入口。在景观处理上相对简单，通常根据入口所处区位的文化特点，来做入口造型的突出设计，例如地铁站入口的设计。

在开敞式入口中，主要的构件是入口处楼梯部分和雨棚部分。商业入口楼梯部分通常会结合绿化和水体做一些景观处理来丰富空间，其景观设计大部分还是靠雨棚的造型和材质来营造，如设置在都市区里由玻璃和钢龙骨营造的现代感十足的地铁车站和采用传统造型处理的入口。通过采用不同造型和材质与城市的景观环境相融合。

3）通过地面建筑的入口

通过地面建筑的入口，通常是一栋建筑既包含地上部分又包含地下部分。地下入口设置在了地面建筑的内部。这种入口形式通常结合地面建筑进行处理，和地面建筑进行统一景观处理。

（2）地下公共步行空间景观的设计

1）地下公共步行空间概述

地下步行空间作为地下空间利用的一部分，地下步行街道主要功能是连通地下的水平空间。地下大部分商业空间通过地下步行系统进行连接使得彼此间联系更加紧密。

同时，地下步行道作为一种专门市政步行交通系统，将城市的各部分也连了起来。

2）地下公共步行空间景观设置

地下公共步道大体可以分为以下两种。

①结合两边商业设置的步行系统。这种步行系统相对宽敞，通常结合周边商业或店铺风格进行设计。通常利用灯光明暗的变化、过道顶棚与地面材质的变化来营造不同的景观氛围和变换空间。当过道足够宽时，也常常在中间设置一些绿化或景观小品来改善人们的心情，增添空间的趣味性。

②作为市政交通的一种为了连接两个或几个地点而设置的步行系统。这种步行系统相对功能单一，情况不复杂，构成的景观要素也单一。一般对这种空间进行景观要素设计时，主要应该注意色彩色温的应用，避免空间的单调，结合两边广告牌的设计丰富空间，利用公共艺术等景观要素的搭配增添通道的文化气息。

（3）地下防灾广场景观的设计

1）地下防灾广场概述

地下防灾广场通常设置在地下空间节点部分，供人流汇聚、防灾避险，休息等。由于空间相对开敞，通常通过景观要素的合理搭配、巧妙整合，从而形成富有情趣的地下景观广场，达到改善人心情、调节人情绪作用。集中地在地下防灾广场上设置主题性建筑景观，还可以使其成为地下空间中的标志性景观，给人留下深刻印象。

2）防灾广场景观设计

如大阪长堀地下街的泉水广场、占卜广场、星空广场。设计师通过结合不同区域的商业特点，在防灾广场上设置具有主题的景观元素，从而形成一个个富有主题的景观广场。

在广场景观的设置上通常会选择一个主题，然后围绕主题进行景观布置。如大阪梅田地下街泉水广场顶棚的灯带设计，采用深蓝色的灯带映衬顶棚，并配上从泉水中投射上来的灯光，既宛如星空，也好似蔚蓝湖水感觉，突出了泉水的主题。

地下防灾广场景观的布置可以结合周围空间特点进行设计。如配合中庭，高低错落地设置绿化、喷泉、座椅等景观，使广场景观更加立体，为人们提供一个不错的休闲娱乐场所。也可以配合采光天窗进行绿化植物、山水等景观配置，设置以绿色自然为主题的广场。

总之，地下防灾广场的形式多种多样，景观配置围合的方法也种类繁多，但设计的总体原则不变，都要结合周围地下空间的情况。防灾广场不仅作为地下防灾系统必不可少。对其进行良好的景观配置和设计，作为景观广场对改善人们的心情，减少地下空间的乏味单调也有着不可替代的作用。一处好的地下广场景观设计不仅吸引人的眼球，也将成为地下空间的标志被人们牢记。

（4）地下导视系统景观的设计

1）地下导视系统概述

地下导视系统是指在地下空间中具有导视作用的设备和设施。通常来说，出现最多的就是指示标识和指示灯。对其进行景观处理最主要的手法是结合色彩的设置，使其和谐地融入地下景观的大环境中，其次是通过色彩给人的感受和导视作用，进行色彩的搭配应用，起到警示与导视的作用。

2）地下导视系统景观设计

地下空间标识系统具有导向性和装饰性意义，通过标识系统营造出一种独特舒适的环境氛围，使人感受到人性化的关怀。在大阪钻石地下街中，设计师通过对标识进行多样化处理，有的配合顶棚造型设置，有的则艺术化处理后单独设置。不仅起到了导视作用，而且也美化了空间环境。

3）地下空间标识系统设计原则

①位置适当原则

标识系统必须位于容易让人发现的位置，出入口、交叉口、楼梯等人流必经之处，或者容易迷路的地方，应设置标识。

②连续性原则

标识系统必须具有良好的连续性，能够有效地引导人群到达目的地，不可以出现指示盲区。在标识的安置过程中，要适当安排其距离，做到整体有效、美观得体。

③特殊性原则

基于地下空间的封闭性特征，地上空间的信息在短时间内传输到地下空间，能够消除人们内心的压抑感。在地上应设置出入口标志，在地下则需标出明确位置。

④安全性原则

在一些紧急出口的地方要充分做好标识设置，并且标识系统需具有发光效果，在一些特殊状况下，能够使人群清晰地分辨方向和位置，做到良好的紧急疏散。

⑤鲜明性原则

标识系统的设置必须具有较高的能见度，招牌和广告的设置必须具有层次感。

⑥准确性原则

表示系统所传达的信息需要具有明确性，必须是人们比较常见的字体，避免产生误导。

（5）地上通风口景观的设计

1）地上通风口的特点

通风口是地下空间与地上空间进行空气交换设施的一部分，也是地下与地上部分的结合点。通风口的形式相对多样，在对地上通风口的景观处理上要与城市景观相协调。

2）地上通风口景观的设计要素

地上通风口，作为地下设施在地上部分的体现，其景观设计上多种多样，关键要通过巧妙的处理使其融入城市大的景观环境中，并成为城市景观的一部分。

例如，新宿地下综合体的通风口设计成了一个类似于蒸汽轮船烟囱一样的雕塑，作为城市的一个雕塑景观。但又因为处在绿化带之中，为了避免材质带来的突兀之感，又在上面做了绿色植物藤蔓，使其和周围环境相对融洽地结合在了一起。

大阪地下商业街通风口则是以连续抽象雕塑竖立在绿化带中，虽钢铁与植物对比明显，但映衬着周围的高楼大厦，也并不会令人感觉太突兀。

（七）安全设计研究

1.灾害的类型

一般来说，城市面临的灾害可以分两大类，即自然灾害和人为灾害。前者包括地震、台风、洪水、海啸等；后者包括火灾、恐怖袭击、战争灾害等。相比于地上建筑来说，地下空间除了火灾、洪涝灾害外，其对灾害的防御能力都要远高于地上建筑。虽然对于地震灾害来说，地下建筑要比地面建筑好很多，但随着1995年日本阪神地震中首次出现的以地铁站为主的地下大空间结构的严重破坏，地震灾害也被列入了地下空间主要防灾的一种。因此，对于地下空间的灾害防治来说，其主要是防治火灾、洪涝和地震灾害。

2.灾害的特点

相对于城市面临的灾害来说，地下空间面临的灾害有其自身的特点。一方面，地下空间对灾害的防御能力远高于地面建筑，如地震、台风等；另一方面，地下空间内部某些灾害所造成的危害则远大于地面建筑，如火灾、洪涝灾害、爆炸等。

在地下空间各种灾害中，火灾发生频率是最大的。洪涝灾害则因为地下空间的天然地势缺陷，在地下空间灾害中也是尤为突出。地震灾害，虽然地下比地上好，但因其破坏性大，施救困难，也被作为地下防灾的重要部分。

总的来说，地下空间防灾性能优于地上建筑，但疏散施救难度相对较大，因而地下空间灾害防治工作尤为重要。

3.防火灾设计

（1）地下空间火灾的特点

由于绝大多数地下建筑没有窗，与外部空间相连的通道少而面积小，因此与地面建筑相比，地下空间的火灾具有更大的危险性，其主要特点概括起来主要有以下几点：

1）当地下空间发生火灾后，不管是电源失效或消防系统自动切断电源，除少数应急灯光外，整个地下建筑内部全是一团漆黑。在紧急疏散时人们由于难以辨别方向而容易引起慌乱，加上人们对地下建筑的空间组织和疏散路线也不熟悉，更会因疏散时间的延长而增加了危险性和恐惧感。

2）在地下建筑中进行疏散时，人们必须上楼梯而不是下楼梯。这比地面建筑向下疏散要费力得多，因而减慢了疏散速度。并且疏散的方向和热流与烟雾上升的方向相同，也给疏散带来很大困难。

3）当火灾发生时，由于在地面上难以看到地下建筑，消防人员看不见火，不能从窗户营救被困人员，同时也无法破开窗户和门进行通风或进入建筑物。而唯一能进入的通道口处也是热量和烟雾大量排出之处，因此开展救火工作非常困难。

4）燃烧生成的热量和烟雾由于地下空间封闭的影响而难以有效地排除；同时也由于空间封闭，火灾时的新鲜空气得不到及时补充，形成不完全燃烧，从而比完全燃烧产生更大量的和有毒的烟雾，并很快地充斥整个地下空间，对人的生命构成了极大的威胁。

5）为了消除地下空间中人们心理上的被封闭感，增强空间的开敞感和方位感，建筑设计中经常采用玻璃隔断或其他灵活隔断来分隔一些相互联系的使用空间。而这种使空间显得开敞的要求又和设置封闭的防火分区和疏散路线的原则相矛盾。

（2）地下空间防火设计

1）地下空间火灾疏散方法与疏散路线

地下空间的内部防灾与地面建筑的防灾，在原则上是基本一致的，但是我们从以上地下空间火灾的特点看到，地下环境的一些特点使地下空间内部防灾问题更复杂、更困难，因防灾不当所造成的危害也就更严重。因此地下空间的防灾设计必须采取一些特殊的方法与手段，才能满足在发生火灾或其他灾难时，最大限度地保证生命和财产的安全。

首先是地下空间由于其固有的不利因素需要采用一些非常规的疏散设计方法。它的一个重要特点就是在地下空间，到达一个安全出口并不意味着一定是到达室外（地面）。对较浅的地下建筑而言，如地下三层或小于三层的建筑通常不存在很严重的不利因素，其防火与安全疏散设计和一个比较封闭的地面建筑基本相似。疏散路线一般是通过走廊到达防烟楼梯间然后直接通往地面。除非到地面十分困难，否则防烟楼梯间就可满足常规的疏散要求。然而对埋置较深的地下建筑而言，常规的疏散设计可能会不适用。例如，在复杂的地下矿井中一般不可能按照防火距离设置通往地面的楼梯井。紧急疏散时往往先经过较长的防烟走道（这些走道在火灾时是增压的），然后再到达可以通往地面的出口。一些面积很大的工业厂房也有类似的疏散系统，专门设置的封闭疏散通道有时悬挂在厂房内部空间的上方，有时设置在厂房的地面以下。

对于只能通过很长的电梯井到达的深层地下建筑，不仅不适宜设置楼梯间，而且也不可能布置很多疏散出口。所谓安全疏散仅仅意味着先撤离发生火灾的某一地点（或一个防火分区），然后找到另一个安全的地点（或另一个防火分区）作为临时避难处，直到危险情况结束以后得到营救。另外一个可能性就是通过水平地下通道疏散到达另一距离很远的地下空间或出口。总之，地下空间疏散设计的目标应该是使所有的人员能够安全地疏散到安全地点，同时尽可能地减少恐慌和混乱。

2）防火分区与紧急避难处

除了设计好疏散路线以外，合理设置地下空间防火分区和避难处来提供足够的安全保障，也是非常必要且有效的措施。当然把与着火区域相邻的防火分区作为安全区（即临时避难处）来使用，对人们心理上来说有一个熟悉和接受的问题。在难以确保救援人员一定会到来的情况下，这种先去比较安全的地方再等待救援的方法往往不能被人们充分理解和接受。这就要求每个避难处都设有和消防控制中心之间的双向通信联系，使人们在心理上感到安全。而消防控制中心通过监控系统也能看到避难处的情况。

从地下空间封闭无窗的特点来看，至少地下建筑中的每个楼层，以及封闭楼梯间和前室、电梯厅和前室都应该设计成独立的防火分区。空间较大的前室可以有兼用的功能，例如既可作为会议室或休息室，也可作为避难处。防火分区之间的门在正常情况下是开敞的，而在紧急情况下能自动关闭。为了使空间显得更开敞些，可使用防火卷帘门或者大型的水平滑动隔墙。还有一个办法是使用防烟卷帘，在紧急情况时它可以落到人们头顶的高度，或者直接从每层楼的顶棚悬挂固定的隔板。这些防火卷帘或隔板虽然不是彻底的防火隔断，但可以将顶棚附近的空间二次划分为许多“储烟区”，使烟雾被限制在“储烟区”中，然后再由排风扇和排风管排出室内。而人们则可以在“储烟区”之下达到任何地点。另外在需要把防火分区完全隔离的地方，其分隔墙必须有很好的耐火性能，并且穿透墙壁的管道也必须密封好。可能的话，穿透隔墙之间的管道应该完全消除，如果实在不能避免，这些管道应该能自动关闭风闸以防止烟雾渗透到另一个防火分区。

对普通的地面建筑而言，玻璃隔墙不是非常有效的耐火材料，它不能用作为两个防火分区之间的隔墙。但是在某些地下建筑中，只要能满足一些特殊要求，在一个防火分区的内部，沿着走道两边设置面积受限制的玻璃隔墙，被认为是可以接受的。这些特殊要求主要是采用耐高温、层压或夹丝玻璃，在温度达37℃时有喷淋保护，且喷头必须布置在玻璃隔墙的两边，喷洒半径不小于1.8m。在用不需要设置到顶的隔墙来形成走道的情况下（例如一组办公空间），一般也可以适当地使用普通的玻璃隔断。

3）清晰易辨的空间布局

当在较深的地下建筑中采用非常规的疏散设计的同时，还要求地下空间的布局尽量简单、易于理解。由于人们对地下建筑的空间布局不熟悉，在辨别方向时会缺乏空间方位感，从而引起心理上的紧张与慌乱，在紧急情况时容易造成疏散延误。因此人流比较集中的地下建筑的空间布局要尽可能简单、清晰，平面规整、划一，避免过多的曲折；内部空间完整易辨识，减少不必要的变化和高低错落；通道网络简单、直接；尽可能地在不同功能的使用空间之间建立联系，特别是室内和室外之间、地面和地下之间，应有更多的视觉联系和过渡空间。例如结合天然采光的下沉式广场组织通道，设置有天然采光的中庭等。还有，在主要通道的交汇处适当将空间放大，既丰富了空间，又方便人们识路，对防火疏散也很有利。当然这些联系可能又增加了分隔防火分区的难度，必须将两者的关系处理好。

4）垂直疏散通道——楼梯、自动扶梯、电梯

①楼梯与楼梯间

垂直出口通常是地下建筑中所有疏散程序的最后组成部分。在大多数情况下，垂直出口是一个封闭的、防烟的、正压的、有机械通风的楼梯井，它一直通到室外。在地下建筑中，人们在疏散时必须上楼梯而不是下楼梯，而大多数人都感到上楼梯比下楼梯疲劳，因此向上疏散的速度要比向下慢得多。通过调整楼梯的尺寸，使踏步的宽度大一些而高度小一些，可以在一定程度上减轻疲劳。同时增加楼梯间占总建筑面积的比例，这样可以缩短疏散时间。

防烟楼梯间既可以作为消防队员进入地下建筑的通道，还可以作为不能到达地面的人们临时避难的场所。防烟楼梯可以采取的一种设计方法，就是在中部设置开敞的楼梯井以增强空间方位感，并使处在地表的消防人员有可能看到下面需要帮助的人。如果一个楼梯间既是避难场所和主要的出口，同时也作为

消防人员进入的入口，那么其消防设施应该包括防火门、消火栓、应急灯光、独立的机械通风和双向通信系统等。

②自动扶梯

在许多地下公共建筑中，自动扶梯是一种常用的垂直交通工具。它速度快、省力，可以容纳较多的人同时使用，而且在人们乘自动扶梯通过中间开阔的区域时能够加强方位感，所以在地下空间中利用自动扶梯作为垂直交通是很理想的。在一般的地面建筑中，都禁止把自动扶梯作为疏散通道。但是在地下空间，由于人们非常习惯于经过自动扶梯进入地下，因此也可把它作为疏散通道之一。但自动扶梯不同于完全封闭的、有防火门、正压和防烟的疏散楼梯，如果把它作为紧急疏散的一种手段，也有一些不利因素。当然，如果火势不在自动扶梯的附近就没什么问题，一旦当火势离自动扶梯很近时，就要停止自动扶梯的运行而重新引导人们到其他的疏散出口。资料表明，在伦敦一个地铁车站的火灾中，试图通过自动扶梯疏散的人最终只到达了火区的中间层而到不了地表。如果把自动扶梯作为地下空间的紧急疏散通道，最重要的一个设计要求就是要在火灾时控制从自动扶梯附近的开敞空间上升的烟雾。其措施可以采用如前所述的防烟卷帘或悬挂隔板形成"储烟区"的方法，以阻止烟雾的扩散。

③电梯与电梯厅

垂直疏散出口的最后一种方法是利用电梯。在高层地面建筑中，电梯通常不用来作为疏散出口——人们被直接引导到疏散楼梯。由消防人员控制电梯，并可能利用它进入建筑物进行营救。与楼梯和自动扶梯不同，电梯不能保证连续不停地把人们送到地面，而且在电梯附近设置足够的安全空间容纳所有等待疏散的人也是非常困难的。由于电梯井很难密闭，因此很容易成为一个传播烟雾的垂直烟囱。另外，电梯里的人在开门前看不到外面的烟雾和火光的存在，也使他们面临潜在的危险。

尽管在地面建筑中不能使用电梯作为疏散出口，但在很深的地下建筑中，它们可能是仅有的不可替代的疏散出口。从建筑设计的角度来看，把电梯作为出入地下的主要垂直交通工具时，封闭的电梯厅和前室往往与地下空间中要求开敞的愿望相违背。有一种两者兼顾的设计方法是利用只在紧急状态下才被激活的滚动下滑钢门或垂直滑动墙板形成安全井。

在深层地下建筑中，当楼梯不能作为理想的紧急出口时，采用两套电梯是比较理想的。一套在正常情况下使用（例如中庭里的透明电梯），在紧急状态时停用；另一套是紧急状态下使用的电梯，其空间适当扩大的防烟电梯厅和前室可作为各层的避难处。为了最大限度地提高疏散电梯的安全性，每层楼面的电梯厅和前室都应该按照防火、防烟和密闭的要求设计，并确保其封闭的、独立的通风系统在火灾时产生正压。另外还要有应急灯光和双向通信系统。

5）清晰的标识和应急灯

虽然在地下建筑中，设计清晰明了的空间布局和疏散路线是一个基本的原则。但在紧急情况时，人们仍然需要依靠标识来把他们引导到疏散出口或避难处。这在空间既大又复杂的地下建筑中或在人们不熟悉疏散路线和程序时尤其如此。因此清晰、易辨的标识系统也是地下空间防火与疏散设计的重要组成部分。

常用的标识有指示出口处的典型标识、箭头或其他具有方向性的标识（沿走道方向），它们可以使方向更明确，增强人们沿此方向行进的信心。紧急情况下，来自控制中心的信息可视化显示也可以通知和引导人们疏散。由于烟雾总是在靠近顶部的地方聚集，除了一般处在上部的“安全出口（EXIT）”符号，最好将指示标识布置在墙上较低的地方或地板上。

在地下空间环境中，由于停电后没有窗户提供日光，因此提供应急灯光就变得更加重要。烟雾一般在空间上部聚集的特点要求在走道侧墙的较低处布置一些灯光。除了普通的应急灯，有亮光的“安全出口（EXIT）”标志也同样是必需的。另外应急灯应保证在总电源被切断后10秒内亮起。

解决应急标识和照明问题的一个新途径是使用光激发光系统。就像高速公路使用的材料一样，这些材料可以从人工光源中吸收和储藏光能。在总电源被切断以后，它们可以释放出光能。在完全黑暗的情况下，会显得很亮。亮度随时间减弱，但较强的亮度足以维持一个小时以上，对于适应了黑暗的眼睛其亮度可达8小时以上。这些发光材料可以做成涂料和薄片等形式。把发光材料以指示方向的箭头形式安装在墙体较低的部位和地板上可以清晰地指示疏散路线。一些重要的构件和设施，如安全门、门把手、疏散路线图、灭火器、电话、警铃等都应该高亮度地显示。发光材料也能用来高亮度地显示重要的建筑构件和细部，例如螺旋形楼梯的形式和轮廓、楼梯踏步的防滑条和扶手等。发光系统相对来说具有低成本和高可靠性的特点，因为它不需要电源，因而给人带来一种安全感。大量安装发光材料对提高地下空间的安全性也有很重要的意义。

4.防涝灾设计

由于地下空间的地势特点，洪灾的防治一直是地下空间灾害防治的重点和难点。一般性洪灾具有季节性和地域性，虽然很少造成人员伤亡，但一旦发生涝灾，就会波及整个连通的地下空间，造成巨大的财产损失，严重时还会造成地面塌陷，影响地面设施。

我国有许多城市处于江河流域和沿海，历史上遭遇的洪涝灾害严重。尤其是我国地下空间开发主要集中在沿海的发达城市，这些城市地下空间的防洪涝就显得尤为重要了。

（1）地下空间洪涝灾害特点

随着城市地下空间规模的迅速扩大，功能、结构和相邻的环境呈现多样性和复杂性，导致地下空间洪涝灾害的成灾特性具有不确定性、难以预见性和弱规律性。

1）地下空间洪涝灾害成灾风险大

地下空间具有一定的埋置深度，通常处在城市建筑层面的最低部位，对于地面低于洪水位的城市地区，由洪涝灾害引起的地下空间成灾风险高。如沿海城市，多位于江河流域入海口三角洲地区，地势低洼，在上游径流下泄和下游潮水顶托作用下，洪水位多高于地平面，加上受海平面上升和地面沉降的影响，要将所有建筑物的地面高程抬高至洪水水位以上几无可能。一旦外围堤防决口或河道调蓄能力有限、内涝积水难以排出的情况下，处于城市最低处的地下空间受淹风险将大幅增加。

2）灾害发生具有不确定性、难以预见性和弱规律性

相对于城市地面建筑空间，地下空间为屏蔽空间，建设和管理的不确定性和受灾风险都高于地面空间。根据已发生的地下空间受洪涝灾害的众多案例，受灾因素多样化，有自然因素也有人为因素，灾害发生前难以预料。例如，2010年5月7日，广州特大暴雨，造成7人死亡，38间房屋倒塌，35个地下车库不同程度被淹，1409辆车被淹或受到影响。2012年台风“海葵”期间，上海嘉定万达广场集水井部位发生冒水事故。2013年，上海嘉定城市泊岸小区由于片区河道通过小区内景观河道漫溢，造成4个地下车库被淹。历年来国内还发生过多起因地下空间内部自来水管爆裂造成的受淹事故。地下空间洪涝灾害的爆发原因具有多样性，灾害发生时没有任何征兆。

3）灾害损失大、灾后恢复时间长

城市地下空间功能的多样性和重要性的演变，大型的地下城市综合体（如地下城）和大型城市公用设施（如地下变电站、共同沟等）的出现，加上地下空间规划的连通性、城市承受洪涝灾害能力的脆弱性和地下空间自身抵御洪涝的脆弱性，导致洪涝灾害一旦发生损失严重，短时间内地下空间内的人员、车辆和物资难以快速疏散和转移，甚至产生相关联的次生灾害。同时，大部分地下空间日常运行管理的配套设备也均位于地下，淹水后，易造成损坏，进一步加剧灾损严重程度和灾后恢复难度，如已发生的一些地下空间受淹后排水设施无法启用或区域排水能力不足，需临时调集排水设备或等外围洪水退去方可救援，造成灾损无法控制和灾后恢复需相当长的时间。

（2）地下空间防涝灾技术要求

地下空间防涝灾设计从其防护标准、防护对象以及各类防护配套设施考虑，根据不同地下空间不同的结构特性，设计时应满足如下要求：防护对象的防洪标准应以防御的洪水或潮水的重现期表示；对特别重要的防护对象，可采用可能最大洪水表示。根据防护对象的不同需要，其防洪标准可采用设计一级或设计、校核两级。

1）防护对象和防护标准

各类防护对象的防洪标准，应根据防洪安全的要求，并考虑经济、政治、社会、环境等因素，综合论证确定。

①当防护区内有两种以上的防护对象，又不能分别进行防护时，该防护区的防洪标准，应按防护区和主要防护对象二者要求的防洪标准中较高者确定。

②对遭受洪灾后损失巨大，或次生灾害严重的防护对象，可进行专门研究确定防洪标准。

③一般地下空间的防洪标准采取所在的城市防护标准。对于特殊的和重要的地下空间可以采用比城市防护标准高一级的标准。

④地下空间所在城市的防洪标准应按《城市防洪工程设计规范》CJJ 50确定。地下空间位于滨海地区，当设计高潮低于当地历史最高潮位时，应采用当地历史最高潮位进行校核。

⑤用于工矿企业、动力、通信设施等方面的地下空间的防洪标准，应参照相应的防洪规范。

2）地下结构设计要求

①地下结构的出入口的地面标高，应高出室外地面，并应满足当地防洪要求。

②跨河流和临近河流的地下结构，可根据其规模大小分别采用100年一遇或50年一遇的防洪标准。对于穿越水域的地下结构，应在下穿水域处适当设置防淹门或采用其他防淹措施。

③对判断可能液化的土层，应挖出后换填好土。在挖出困难或不经济时，应采用人工加密措施。

④对软土地基的土层，应挖出其中的软弱土，当厚度分布大、分布广、难以挖出时，可打砂井加速排水，增加地基强度。

⑤地基持力层范围内如有高压缩性土时，可采用桩基。

3）配套设施要求

①露天出入口及通风口排水泵房的雨水排放设计按当地50年一遇暴雨强度计算，集流时间为5～10min；洞口雨水泵站（房）的集水池有效容积不小于最大水泵5～10min的出水量。

②对于重要的地下空间，应根据防洪标准设置防洪墙。防洪墙应采用钢筋混凝土结构，高度不大时，可采用混凝土或砌石防洪墙。

③防洪墙必须满足强度和抗渗的要求。基底轮廓线长度应满足不产生渗透变形的要求。防洪墙必须进行抗滑、抗倾和地基整体稳定验算。地基应力必须满足地基承载力的要求。当地基承载力不足时，地基应进行加固处理。防洪墙基础设置深度，应根据地基土和冲刷计算确定，要求在冲刷线以下0.5～1.0m。防洪墙必须设置变形缝，缝距可采用：浆砌石墙体15～20m；钢筋混凝土墙体10～15m；在地面标高、土质、外荷载、结构断面变化处，应增设变形缝。

（3）地下空间防涝灾设计

1）地下空间水灾灾因

①因雨量太大且集中，城市的排水系统不畅或者雨量超过排水设计能力，造成路面积水，地下空间的地面挡水板、沙袋无法抵御高水位，致使雨水漫进地下空间。

②地下空间的排水系统故障，如架空电缆被台风刮断、遭雷击、电气设备被水淹造成跳闸，各种原因引起的停电，导致排水能力的丧失，从而造成地下

空间积水受淹。

③未能及时落实各种孔口、采光窗、竖井、通风孔等的各项防汛措施，暴雨打进或漫进地下空间，造成地下空间积水受淹。

④地下空间外面的积水从排出管倒灌，而止回阀失效，造成地下空间积水。

⑤城市市政改造导致路面标高抬高，路面积水从地下空间采光窗、出入口等裸露部位漫进地下空间。

⑥城市大口径自来水管爆裂，大量自来水涌入，造成地下空间水灾。

⑦由于地下空间的水泵、管道、阀门、浮球和水位开关等机械故障、管理不善，造成地下空间内部漏水，形成水灾。

⑧大型地下空间的沉降缝止水带老化破裂，造成地下水涌入成灾。

⑨地下水位的抬高，也会加剧地下室的渗漏。

⑩由于地下空间的积水和潮湿，使得电气线路的绝缘性能降低，甚至线路浸泡在水中，会导致触电事故，形成二次灾害。

2）城市地下空间防水灾对策

①地下空间的出入口、进排风口和排烟口都应设置在地势较高的位置，出入口标高应该高于当地最高洪水位。

②出入口安置防淹门，在发生事故时快速关闭，堵截暴雨洪水或防止水倒灌。另外，一般在地铁车站出入口门洞内墙留门槽，在暴雨时临时插入叠梁式防水挡板，阻挡雨水进入；在大洪水时可减少进入地下空间的水量。

③在地下空间入口外设置排水沟、台阶或使入口附近地面具有一定坡度，直通地面的竖井、采光窗、通风口都应做好防洪处理，有效减少入侵水量。

④设置泵站或集水井。侵入地下空间的雨水、洪水和火警时的消防水等都会聚集到地下空间最低处，因此，在此处应设置排水泵站，将水量及时排出；或设集水井，暂时存蓄洪水。

⑤通常采取防水龙头或双层墙等措施，并在其底部设排水沟、槽，减少渗入地下空间的水量。

⑥在深层地下空间内建成大规模地下储水系统，不但可将地面洪水导入地下，有效减轻地面洪水压力；而且还可以将多余的水储存起来，综合解决城市在丰水期洪涝、枯水期缺水的问题。

⑦及时做好洪水预报与抢险预案。根据天气预报及时做好地下空间的临时防洪措施，对于地铁隧道遇到地震或特殊灾害性天气时，及时采取关闭防淹

门、中断地铁运营、疏散乘客等措施，从而使灾害的危险程度降到最低。

5.防震灾设计

地下空间结构包围在围岩介质中，地震发生时地下结构随围岩一起运动，受到的破坏小，人们普遍认为地震对于地下空间的威胁较小。然而，1995年日本阪神地震中，以地铁站、区间隧道为代表的大型地下空间结构的破坏，使人们逐渐认识到了地下空间防震的重要性。加上近年来地下空间正被越来越多地开发利用，地下空间的抗震防灾也显得越来越重要了。

（1）地下空间震灾特点

1）地下空间震灾特征

①地下空间周围岩土可以减轻地震强度

地下空间建筑处于岩层或土层包围中，岩石或土体结构提供了弹性抗力，阻止了结构位移的发展，对自震起到了很好的阻尼效果，减小了振幅。相比于地上建筑来说灾害强度小，破坏性小。

②地下空间深度越深灾害越小

地震发生时，地下空间周围土体会受到竖直和水平两个方向的压力作用产生破坏，这种压力会随着深度的加大其强度烈度会逐渐减弱。国内外多位学者都曾对这一结论进行过研究论述。

③地下结构在震动中各点相位差别明显

地下空间结构振动形态受地震波入射方向的变化影响很大，在震动中各个点的相位差别十分明显。

2）地下空间结构破坏特征

①隧道结构破坏特征

无论盾构还是明挖隧道，地震对结构破坏的特征基本一致。主要的破坏方式有衬砌开裂、衬砌剪切破坏、边坡破坏造成隧道坍塌、洞门裂损、渗漏水、边墙变形等。

衬砌开裂是最常发生的现象。主要包括衬砌的纵向裂损、横向裂损、斜向裂损，进一步发展的环向裂损、底板隆起以及沿着孔口如电缆槽、避车洞或避人洞发生的裂损。对于衬砌剪切破坏，软土地区的盾构隧道主要表现为裂缝、错台，山岭隧道主要表现为衬砌受剪后的断裂，混凝土剥落，钢筋裸露拉脱。边坡破坏多发生于山岭隧道，地震中临近于边坡面的隧道可能会由于边坡失稳破坏而坍塌。洞门裂损则常发生在端墙式和洞墙式门洞结构中。渗漏水是伴随着地下结构破坏的次生灾害。

②框架结构破坏特征

从日本阪神地震中可以看出在混凝土框架结构中混凝土中柱的破坏相对严重，楼板和侧壁虽有破坏，但并不严重。由此可以看出混凝土中柱是地下空间框架结构抗震的薄弱环节。其中破坏方式既有弯、剪破坏，也有弯剪联合破坏。

（2）地下空间防震灾技术要求

基于以上地下空间地震反应特性的考量，结合地下空间地质结构上及不同地下空间规模和抗震标准上的差异性，综合分析得出地下空间抗震设计须符合以下要求。

1）抗震设防标准

①甲类地下结构：地震作用应高于本地区抗震设防烈度的要求，其值应按批准的地震安全性评价结果确定；当抗震设防烈度为6～8度时，抗震措施应符合本地区抗震设防烈度提高一度的要求。

②乙类地下结构：地震作用应符合本地区抗震设防烈度的要求；一般情况下，当抗震设防烈度为6～8度时，抗震措施应符合本地区抗震设防烈度提高一度的要求。

③丙类地下结构：地震作用和抗震措施均应符合本地区抗震设防烈度的要求。

④丁类地下结构：一般情况下，地震作用仍应符合本地区抗震设防烈度的要求；抗震措施应允许比本地区抗震设防烈度的要求适当降低。

2）设计地震动参数

①场地的设计地震动参数应根据结构所在地点的地震动参数分区给出的设计基本地震加速度或相应的抗震设防烈度，按照地下结构重要性分类、场地设计谱和特征周期的分区确定。

②对作过抗震设防区划或地震安全性评价的城市、地区和厂矿，应按经批准的抗震设防烈度或设计地震动参数并根据地下结构重要性类别确定抗震设计用的设计地震动参数。

③地下机构场地的设计地震动参数应按现行国家标准《建筑抗震设计规范》GB 50011中提供的方法确定。

3）场地适应性判断

按地下空间抗震场地的适应性可以分为有利地段、不利地段和危险地段。

其中：

①坚硬土或开阔、平坦、密实均匀的中硬土地段，应划为有利地段；

②软弱土、液化土、条状突出的山嘴，高耸孤立的山丘，非岩质的陡坡、河岸和边坡边缘，平面上分布成因、岩性、状态明显不均匀的古河道、断层破碎带、暗埋的塘浜沟谷及半填半挖地基等地段，应划为不利地段；

③地震时可能发生滑坡、崩塌、地陷、地裂等，以及发震断裂带上可能发生地表错位的地段，应划为危险地段。

4）场地选择要点

基础地质结构抗震性能的考虑，地下空间设计场地选址须具备以下要点：

①选择有利地段；

②避开不利地段，当无法避开时，应采取适当的抗震措施；

③不应在危险地段建造甲、乙、丙类建筑，当无法避开时，应对场地进行专门评估，并采取有效措施消除危险后方可建造；

④场地内存在发震断裂时，应对断裂的工程影响进行评价；

⑤当含有软土夹层时，经专门研究可适当调整其特征周期。

5）地质和地下结构设计要点

①设计烈度为8度以上的地下结构，均应验算建筑物和地层的抗震强度和稳定性；设计烈度大于7度的地下结构，当进、出口部位岩体破碎和节理裂隙发育时，应验算其抗震稳定性，计算岩体地震惯性力时可不计其动力放大效应。

②当存在液化侧向扩展或流滑时，应进行专门的研究分析。

③对地下结构可采用下列方法进行地震反应计算。

A.对于地下式结构宜采用反应移位法。

B.对于半地下式结构宜采用多点输出弹性支撑动力分析法。

C.在上述两种计算方法中，一般情况下地下结构周围地层的作用均可采用集中弹簧进行模拟，也可采用平面有限元整体动力计算法。

D.沿线地形和地质条件变化比较复杂的地下结构及河岸式进、出口等浅埋洞室，其地震作用效果可在计入结构和地层相互作用的情况下进行专门研究。

E.当地下结构穿过地震作用下可能发生滑坡、地裂、明显不均匀沉陷的地段时，应采取抗震构造措施，进行加固处理地基，更换部分软弱土或设置桩基深入稳定土层，消除地下结构的不均匀沉陷。

F.地下结构宜避开活动断裂和浅薄山嘴，地下结构的进、出口部位宜布置在地形、地质条件良好地段。设计烈度为8度时，不宜在地形陡峭、岩体风化、裂隙发育的山体中修建大跨度傍山地下结构；宜采取岩面喷浆锚固或衬砌护面、洞口适当向外延伸等措施，进、出口建筑物应采用钢筋混凝土结构；在应力集中部位和地层性质突变的连接段的衬砌均宜设置防震缝。防震缝的宽度和构造应能满足结构变形和止水要求。

G.对跨度大的大型地下空间（与地震波长统一量级），宜考虑多点地震输入或最不利地震入射的影响。一些重要的地下公共设施，如地下轨道交通，应具备接收本地区地震预报部门的电话报警或网络通信报警功能。

（3）地下空间的防震灾设计

现有的地下空间设计方法有等待地震荷载法、反应位移法等，其对地下空间抗震评估具有一定贡献但相对滞后。基于性能的抗震设计方法提出了新的设计理念与思想，强调了地震工程的系统性和社会性，指出了原有规范的诸多不合理性，得到了广泛的认同和各国学者的关注。我国的《建筑结构抗震设计规范》GBJ 11提出的“小震不坏，中震可修，大震不倒”三个水准的设防目标，实际上就包含了基于性能的抗震设计思想。在现行设计规范中这一标准也依然得到了沿用。

基于性能的抗震设计主要包括三个步骤，如图3-18所示。

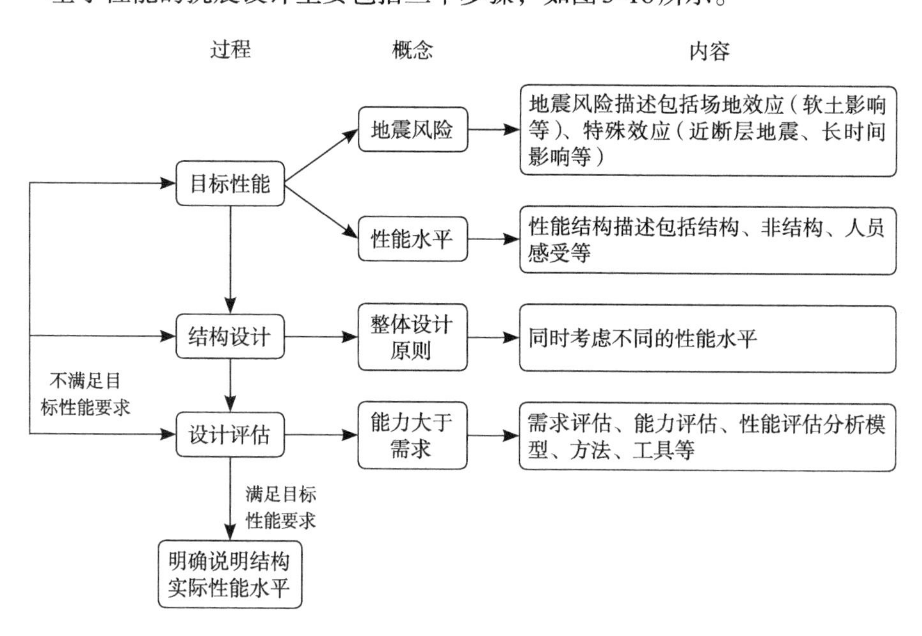

图3-18　基于性能的抗震设计

1）根据结构的用途、业主和使用者的特殊要求，明确建筑结构的目标性能（可以有高出规范要求的“个性”化目标性能）。

2）根据以上目标性能，采用适当的结构体系、建筑材料和设计方法等进行结构设计（不仅仅局限于规范规定的方法）。

3）对设计出的建筑结构进行性能性评估，如果满足性能要求，则明确给出结构的实际性能水平，从而使业主和使用者了解；否则返回第一步和业主共同调整目标性能，或直接返回第二步重新设计。

从抗震方面来讲，基于性能的抗震设计理论是在基于结构位移的抗震设计理论基础上发展而来。20世纪90年代初期，Moehle提出基于位移的抗震设计理论，主张改进目前基于承载力的设计方法，这一全新概念的结构抗震设计方法最早应用于桥梁设计。他提出基于位移的抗震设计要求进行结构分析，使结构的塑性变形能力满足在预定的地震作用下的变形要求，即控制结构在大震作用下的层间位移角限值。此后，这一理论的构思影响了美国、日本及欧洲土木工程界。这种用量化的位移设计指标来控制建筑物的抗震性能的方法，比以往抗震设计方法中强调力的概念前进了一步。

6. 人行安全设计

人是地下空间中的使用主体，要想设计安全舒适的地下空间，必须从人的行为特征展开研究。由于地下空间类型多样、范围广，本书主要从地下交通枢纽乘客（地下通道行人）在地下空间中的行为特征即行动方式、步行流线、路径确认、乘客换乘行为4个方面展开说明。

（1）行动方式

如表3-15所示，步行流线可以按照在地下空间中的停留时间划分为通过、聚集、滞留等3种基本模式。

步行流线 **表3-15**

行动模式	步行流线	地点	特征
通过	线性	步行通道、车站站台、楼扶梯	人有目的性向目的地移动
聚集	面状	换乘大厅、入口大堂	等待车辆进站，聚集区域面积较大
滞留	点状	楼扶梯边缘、服务台边缘、出入口边缘	处于大量人流的边缘，身边大致有一个标志物

通过和聚集作为地下交通枢纽空间中人群的主要的行动方式，在设计时要加以重点地考虑，特别是可以通过与照明系统、指示系统、空间设计的选定和延续

及特色装饰等手段对这种行为模式加以结合，提高空间本身的指示作用，同时运用不同的色彩设计和空间设计来围合聚集区域即换乘大厅、入口大堂等空间的领域感和归属感，并通过装饰设计结合广告设计来丰富空间环境，体现城市整体风貌和文化内涵，从而减轻焦虑心理。空间的照明与灯具设计合理配置则能够改善光线的暗淡和不足，通过科技手段储存地上的光能用于地下的采光，如用光面进行渲染，用光轮廓表现空间，用光引导人流，用光的明暗划分空间，丰富空间变化；为人们聚集和等候换乘的过程中提供宜人的环境空间，减缓旅途的疲劳。从而提高人群在地下交通枢纽空间中的顺畅性、舒适性和安全性。

（2）步行流线

以枢纽换乘空间的一般乘客的步行流线为例，基本形式为地上或其他地下交通换乘入口—通道—楼梯—换乘大厅楼梯—站台上车；出站则相反。步行流线直接决定了地下交通枢纽空间设计，为合理的空间布局模式打下基础。同时合理的灯光配置和出口、入口两套指示系统的设计配置也能加快人流的疏散速度和提高地下空间中的安全性及使用率。

（3）路径确认

通过对交通枢纽内部人群调查显示，99%的受访者认为在地下空间中指示系统将对出行者起到重要的指示作用，保证了人群出行的安全性和便利性；同时受访群体对目前已经存在的标识系统进行了评价，就获取信息方式一项表明，仅有24%的出行者是通过现存的标识系统来实现获取相关信息的目的。所以目前地下空间设计的标识没能起到应有的作用，在没有突发事件发生的情况下，这些不完善的指示系统不会对人的出行造成巨大的难以挽救的影响，但在紧急事件发生时，它将直接威胁人的生命安全。

可见，引导标识不仅在复杂的、人流活动密集的区域充当着重要的指示作用，同时它还对紧急情况下疏散人群、引导人群合理流动有特殊意义；所以为了改变目前标识设计的不统一、相互矛盾的现状，在设计引导标识时，不仅将引导标识作为一个系统进行设计，同时还要考虑好引导标识和其他商业标识之间的关系，合理配置标识的疏密程度、间距、标识的整体、单体设计和无障碍化的问题，这样才能为出行者的出行提供安全保障。

（4）换乘行为

换乘行为则通过环境易识别性、识途性、追随性、向光性、候车等几个方面共同体现和完成。通过对换乘的人群的调查发现，人群类型分为老人、儿童，初次和少次换乘的乘客及熟悉和多次换乘的乘客，初次和少次换乘的乘客和所有人群，不同的群体又有着不同的行为表现，如老人、儿童、初次和少次换乘的乘客则表现为对空间环境更强识别性的依赖性，他们希望通过容易识别的环境特征、导向标识来达到容易识别的目的。而熟悉和多次换乘的乘客则由于对环境熟悉，在环境中或摸索前进，或沿原路返回，具有更多的安全感。初次和少次换乘的乘客则具有跟随大量人流聚集、行走的倾向，即追随性；而所有人群在地下空间中都表现出明显的向光性。

这些不同群体的不同特性为我们展开研究和设计地下空间提供了依据，采用通用设计的原则，应该首先考虑老人、儿童、初次和少次换乘的乘客为设计主体，利用人群移动时的追随性和向光性通过紧凑或宽松、统一与变化、韵律与协调等方法来改变空间的布局与分割，通过灯光明暗变换来达到空间的流动性和引导性，使单调的通道通过装饰设计的手法改变人群内心的虚无性，增加安定感，从而增强不同功能空间的易识别性和步行期间的安全感和舒适感。

（八）更新设计研究

1.更新改造启示

（1）人类的需求是改造城市空间环境的内在动力

心理学家马斯洛的需求层次理论学说中，将人的需求分为五个层次，即生理需求、安全需求、情感需求、尊重需求和自我价值实现的需求。人类的需求是由低级向高级不断发展的，当人的较低级的需求得到满足以后，就会追求更高级的需求。人们渐渐地满足了吃、住等物质需求以后，就会追求交通的便利、环境的幽雅、生活品质的精致等精神需求，这就促使城市空间不断现代化与规模化。

（2）整合空间功能系统，发挥城市经济整体效益

各国发达城市的中心区就是城市整个大环境中浓缩的最生动的小社会，需要满足不同使用者的不同的功能需求。但是由于现在城市化的发展，城市地面上的空间不足，就要求在进行城市地下空间的开发与改造时，需要将交通、商业、市政等多功能整合为统一的、相互联系的整体。将城市中不足的基础设施转移到地下空间，使地下空间与地上空间内外呼应，不但可以改善城市商业空间的环境，满足使用者的需求，还可以发挥其最大的商业价值与效益。

(3) 充分利用地下空间，发挥土地的使用价值

将城市的规划发展由地上逐渐转为地下的基本原因就是城市化的迅速发展、城市问题的亟待解决与城市土地不足之间的矛盾。土地作为城市发展的宝贵资源，不能无限地扩大，而必须在原有土地的基础上充分发挥其潜能。提高土地的使用效率，就要综合利用城市土地，对城市地上、地面、地下进行充分的开发利用与改造。如日本东京火车站、加拿大蒙特利尔地下城、巴黎卢浮宫的扩建、美国洛克菲勒的下沉广场等，都因无法扩建城市用地，而充分地利用城市地下空间，并为当地的商业、娱乐、旅游等带来了新的商机和经济效益。

(4) 注重城市的可持续发展

随着经济的快速发展，城市化进程加快，城市中心商务区是否能够长久健康的发展，是一个城市能否长立于世界发达城市之巅的重中之重。保持城市合理的生态环境与自然环境，需要注意减少污染气体的排放、开发新能源，对光、空气、水、土地等自然资源加以合理利用。保持城市中各个空间的绿化面积，保持土地开发利用的适当强度，防止城市热岛效应对人类室内外活动的不利影响，使得城市环境可以良性循环，实现城市的可持续发展。

2.更新地区地下空间利用

(1) 地下空间更新利用面对的主要问题

1) 更新地区的历史保护要求

大卫·哈维认为，面对弹性生产方式带来的流动与不定，要想维持任何历史连续性都非常困难。但并非只有将传统商品化销，才能保存传统（黄砂，王思齐，2013）。历史保护因素既为地下空间改造利用创造有利条件，也对地下设施及设备的改造提出严苛要求。如地下空间与地面的入口衔接要与历史环境要素尽量融为一体，最小限度影响传统街区的历史风貌。另外，地下空间开发之前也应对历史保护地区的地下文物埋藏区进行一定识别，考虑最低程度影响地下文物埋藏区的原真性保护。

2) 基地功能对地下空间建设的特定需求

城市更新地段通常伴随着基地功能的转变，如大体量的商办开发，为了降低总体成本，往往将建筑附属设施或设备埋入地下，错综复杂的管线与地下空间的综合开发是否能够协调一致，需要满足具体功能先导下的地下空间开发策略，而地下空间的公共性与私密性的界限划分也依托于更新地区整体改造后的空间延续性。反过来说，需要经过综合协调的地下空间设计又会影响到更新过

程，如地下空间专项规划与详细规划或建筑设计方案的脱节，不仅会拖慢整体更新进度，也会影响具体的更新实施效果。

3）地下空间开发的成本效益平衡

由于更新地区原有空间布局的限制，往往导致地下空间开发强度或规模受限，在平衡历史保护、人防要求、交通需求、环境改善等因素的基础上，应对地下空间功能选择和开发强度进行成本效益的综合评价。基于地下空间乃是城市公共资源重要的组成部分，政府管理者宜通过更新地区地下空间的改造利用机会，来满足地区公众最为迫切的需求，如地面高密度开发带来的交通问题与地下空间交通疏解功能相联系，同时兼顾适宜规模的商业开发。

（2）地下空间更新开发的价值意义

通过遵循地下空间综合利用原则的改造措施能够传承或提升城市更新地区二次开发的总体价值，并制定全面协调的再利用策略，以引导城市更新地区及其所在地区的地下空间协同发展。通过比较国内外城市更新地区的地下空间综合利用实践，总结地下空间综合利用的价值与意义主要体现在以下几个方面：

1）符合区位优势下土地再开发的利益要求

由于高密度、适宜立体开发的城市更新地区大多位于城市中心地带，周边环境发展成熟度高且拥有良好的交通条件，因而为追求最大利润回报的土地资本再开发行为提供了现实可能性。随着城市边界的扩张速度放慢，原先位于中心城区的高密度发展地区亟待利用更新机遇拓展规模，提升空间品质，借地下空间建设融入城市新一轮发展循环。如位于巴黎列·阿莱商业综合体，20世纪70年代由巴黎中央商场改建而来，通过改造后的地下空间来疏解地区交通，同时也是巴黎最大的地铁中转枢纽，并配有3700个地下停车位的大型停车场，商业人流与快线轨道分层布置，通过便利的衔接通道和人性空间打造，使得列·阿莱成为巴黎最具活力人气和市井气息的文化场所（王敏洁，2006）。列·阿莱地区通过立体化再开发，改变了原来的单一功能，实现了交通的立体化和现代化，充分发挥了地下空间在符合区位优势下土地再开发的利益要求。

2）交通与城市环境的潜在改善

从地下空间的形式来看，地下空间功能设施的结构改造适宜性强，可以不受地面空间建筑风格、空间体量和建筑限高的诸多限制，空间利用相对宽敞，结构灵活多变，造型简洁而可塑性强；从地下空间的交通功能来看，又具有疏解地面交通流量、串联动态交通组织与静态交通组织的功能，并将地面、地下空间相互串联，形成有机整体的空间环境。

如举世闻名的由贝聿铭设计的蒙特利尔地下城，因67届世博会的举办而推动的城市更新，已使该地区集聚了整个蒙特利尔商业的35%和办公的80%，同时依靠2个铁路车站、10个地铁车站、30km长的连接步道和9000个停车位，完美地解决了地区交通和环境升级的问题。

3）节约土地与空间资源

对寸土寸金的城市土地与空间资源的有序开发，是城市能够维持长期转型动力的重要方面，如深圳市在2008年出台的《深圳市地下空间开发利用暂行办法》为城市更新带来了重要机遇，通过借鉴日本的开发经验，把大型公建的主入口与地铁站直接连接，并预留了未来重要市场性地下空间接口，使得更新地区本是各自独立的地下空间逐步实现了具有公共属性的空间连接，不仅提高了建筑可达性，也方便疏散人流，同时还构筑了功能多元丰富的地下网络。

（3）更新地区地下空间综合利用实践

1）点轴多层次相融式开发——江湾五角场地区地下空间

江湾—五角场地区的城市更新以改造调整功能、提高容量、减轻密度为主要目的，同时又要照顾到五角场地区的既有历史风貌。因而，该五角场地下空间布局以实现上述目的为契机，通过结合交通枢纽核心，以枢纽廊道作为空间联系发展轴，并以300～500m活动半径向周边街区扩散，通过淞沪路产业带形成南北呼应、点轴多层次相融的地下空间利用体系。

为解决现状在建、已建地下公共空间存在的缺乏系统性、功能单一、开发时序不一、交通不完善等问题，地下空间规划重点考虑多层次相融式开发。地下一层为公共活动层，层高4～6m，主要考虑与周边已有建筑的地下空间相互结合，实现地面、地下人车分流。除了对不同标高的地下空间进行空间连接处理，而且结合已有出入口位置和既有功能综合布置公共业态，最小限度影响历史保护建筑的整体环境风貌，灵活安排创意商业、精品零售、小型工作室、人行通道、自行车库等公共活动功能有机联系。顶层至地表考虑不同地块的植被层、结构层、设备层覆土深度，沿淞沪路轴线地下空间进行统一综合管廊布置。地下二、三层主要为车库，层高4～5m左右，主要考虑到周边大型公建部分未来进行公共层改造的可能性，进行接口预留，为规划远期提供更多弹性。

2）结合地铁上盖的一体式开发——莘庄地铁上盖

地铁上盖开发利用了地铁上盖区块可开发空间大、开发价值高的特点。莘庄地铁上盖项目位于上海市重要的交通枢纽——1号线、5号线、17号线莘庄换乘站，未来拟建金山支线和沪杭客专线，集轨公交、铁路、地面公交、步行交通于一体，具有区级公共活动中心服务能力的综合枢纽。上盖项目是基于莘庄地区城市容量不断提升和用地资源不断紧张的前提下提出的，从地面地下多重轨道汇聚带来的复杂交通情况来看，唯有一体式综合开发能够满足地区整体更新的诸多需求。实际上，大面积的上盖开发也造成了地面标高以上的“上盖下空间”，从本质上来说，属于广义上的地下空间。

规划设计通过在公共交通上层架设大平台的形式纵向延伸地块可利用空间，从而达到土地利用效益最大化。枢纽上盖功能区包含上盖商业中心、换乘大厅、证照中心、博物馆等公共服务设施，改变原本零星无序的空间感受。而地上部分大平台以下的“上盖下空间”以沿街商业、酒店、公建配套、公交站、地下车库、市政设施、轨道交通站台等综合设施形式，与“盖上空间”进行相互衔接，并以上跨铁路、地铁的高架道路形式作为南北向交通联系的主要车行通道。在地下一至四层，结合地上交通需求分析集中布置地下停车库（包含机械式停车设施）。

“大平台”的设计理念，串联了平台上商业、办公、住宅等区块的公共开放空间，形成开敞的市民活动区域，同时，平台以下的综合一体开发也改善了下层换乘空间的舒适性，结合服务设施的有效半径组织步行交通，配合组织南北向交通联系，提高上盖综合体各个板块的可达性，组成了立体、高效的全天候公交换乘空间。

3.地下空间更新策略

（1）区域联动，结合地区核心资源综合开发

城市更新往往是以地区整体推进为主，点状更新为辅，无论是城市紧凑发展要求，还是以交通站点、公共服务设施为核心的导向开发，都要求以彰显地区价值、提升地区发展水平、集聚核心要素以实现地区发展效益最优作为城市更新必要条件。而地下空间综合利用在处理与地区更新的发展关系时，仍有许多方面亟待探索。如地下空间用地性质、开发规模是否应像地上空间一样通过控制性详细规划加以明确；地上既有建筑功能或新建建筑功能，能否通过地下空间进行转移或置换，以扩大适宜更新目标的空间发展权益等。

（2）空间挖潜，结合既有功能区差异开发

空间的资源紧约束不仅成为城市发展的“新常态”，而且会在很长一段时

间里成为制约城市发展的“常稳态”，甚至面临不进反退的“反常态”。在城市更新地区深入综合分析的前提下，应打破传统一切推倒重来的粗放思路，对已有地下空间建设的区域进行进一步挖潜，并结合新功能的植入，积极鼓励地下地上一体化建设，串联地区交通和公共服务设施，对地区积蓄已久的空间限制进行存量补充和增量转移，并充分利用城市内已有地面开放空间，如具有一定规模的绿地、广场等，考虑将地下空间的集中功能、大型地下设施及内部流线复杂的地下功能与地面开发空间综合设置。同时结合地面建筑的天井、小广场、管道井等地面开口，打造满足采光、通风要求、宜居宜业的“半地下”空间，依据不同空间的区别及适宜功能类型，提出多层次、差异化开发的地下空间策略。

（3）地块共生，结合立体功能分区的融合开发

“功能分区”的理念自在学界诞生以来饱受诟病，并非功能分区的原则有何错误，而是大尺度的理想化分区导致的空间资源分配始终是一元化的。“立体城市”“地下城市”“天空农场”等层出不穷的立体开发概念正是对大尺度功能分区实践偏差的非正规应对。更新地区的地下空间利用应更多地考虑地块共生，即不仅要考虑规划平面的空间、功能相容性，更应挖掘地上、地下空间本身及相邻地下空间的相容性。如轨道交通站厅附带商业功能开发的，是否应对两者的人流进行区别对待，还是将不同目的的人流有机结合在一起？又如以疏导交通为主的地下空间净高要求，是否满足其他商业、办公型地下空间的净高要求？地下服务设施与地上有历史保护要求的空间之间应考虑疏散要求尽可能多的联通，还是尽量降低对历史风貌的影响有选择地相互连通？这些问题在今后的实践过程中或许能够得到更加明确的答案

（4）明晰产权，降低更新开发过程的交易成本

无论是进行成片地区更新还是点状更新，各方权益激烈角逐导致高昂的交易成本，产权边界的清晰界定或有关使用权的再分配过程往往是反复而又漫长的。通过法律层面对地下空间开发和使用行为进行先期确权，不仅能够有效避免实施管理中的权力寻租，也能够大大降低由于更新开发连带效应导致的“搭便车”行为。为节约地下空间用地，在技术条件允许的情况应划示地下空间开发边界，除与地面道路红线、地块红线、地块权属有一定对应外，还应界定地下私人空间与地下公共空间的界线，以及满足地下空间相应功能的需求及专业技术要求。

第四章　地下空间开发利用管理制度研究

（一）管理体系研究

1.整体架构

地下空间管理体系的整体架构一般分为：①地下空间规划编制的总体原则；②地下空间规划在总规、控规、详规中的内容；③地下空间规划编制的资质要求；④地下空间规划编制的技术要求；⑤地下空间相关专项规划的内容；⑥地下空间规划实施的审批与监督；⑦地下空间总体与专项规划的变更；⑧地下空间总体与专项规划的公示。

2.功能类别管理

地下空间管理一般按类别区分，大致可以分为：①分类原则与建设发展限制；②地下市政公用设施的性质、功能及其种类；③地下交通设施的性质、功能及其种类；④地下综合防灾设施的性质、功能及其种类；⑤地下公共服务设施的性质、功能及其种类；⑥地下仓储物流设施的性质、功能及其种类；⑦地下生产设施的性质、功能及其种类；⑧地下居住设施的性质、功能及其种类；⑨地下其他设施的性质、功能及其种类。

3.建设设计管理

地下空间建设设计管理可分为：①地下空间建设的准备及其相关事项；②地下空间的用地及其相关权利的获得与转让出租抵押；③地下空间建设项目的专项规划许可；④地下空间建设项目的总体设计；⑤地下空间建设项目的扩初设计；⑥地下空间建设项目的施工许可；⑦地下空间建设的环境评估；⑧地下空间建设的设计、施工、监理招投标；⑨地下空间建设的规划、设计变更。

4. 施工管理

地下空间施工管理可分为：①地下空间施工的程序与原则；②地下空间施工的组织与协调；③地下空间施工标准与监理要求；④地下空间施工安全与质量要求；⑤地下空间施工材料与设备要求；⑥地下空间施工中相邻关系的处理；⑦地下空间施工竣工的验收与项目后评估。

5. 物地权属管理

地下空间权属管理可分为：①地下空间权属登记的依据与原则；②地下空间建设用地使用权登记；③地下空间建（构）筑物产权登记；④地下空间物业用途的登记标注；⑤地下空间建设用地的使用权变更；⑥地下空间建（构）筑物的物权变更。

6. 使用维护管理

地下空间使用维护管理可分为：①地下空间的使用主体；②地下空间的使用原则；③地下空间权利人的配合义务；④地下空间的环保卫生标准；⑤地下空间的常态运行要求；⑥地下空间的常态维护要求；⑦地下空间的常态安全要求；⑧地下空间的突发应对管理；⑨地下空间的使用功能变更；⑩地下空间的使用主体变更。

7. 平战结合

地下空间平战结合管理可分为：①地下空间平战结合的定义与原则；②地下空间平战结合的规划协调要求；③地下空间平战结合的功能兼顾要求；④地下空间平战结合的技术设计要求；⑤地下空间平战结合的双重质量要求；⑥地下空间平战结合的安全应急要求。

8. 可持续发展

地下空间可持续发展可分为：①地下空间可持续发展的定义与原则；②地下空间发展的法规兼容配套可持续；③地下空间发展的规划组合系统可持续；④地下空间发展的设计功能多元可持续；⑤地下空间发展的建设品质耐用可持续；⑥地下空间发展的变更衔接可持续；⑦地下空间发展的立体关联可持续。

9. 投资融资管理

地下空间投融资管理可分为：①地下空间投融资原则；②地下空间投融资主体；③地下空间投融资模式；④地下空间投融资回报；⑤地下空间投融资期限；⑥地下空间投融资担保；⑦地下空间投融资变更；⑧地下空间建设发展的保险性质、功能及其种类。

（二）管理制度研究

1.信息管理

（1）作用与意义

城市地下空间是宝贵的自然资源。大力开发和合理利用城市地下空间资源是扩充城市空间容量、调节城市土地利用强度分布、使城市空间资源配置有序化的重要手段，也是确保城市可持续发展，解决和缓解城市发展与空间资源矛盾的重要途径之一。

世界上很多国家都把地下空间作为新型国土资源进行管理。欧、美、日等一些发达国家，从20世纪70～80年代即开始重视地下空间的开发利用与管理工作，并通过地下空间普查，建立了伦敦、巴黎、东京、多伦多等主要城市的地下空间分布图等信息资源管理系统。我国政府也十分重视地下空间的开发利用。1998年4月，建设部下发了《城市地下空间开发利用管理规定》(2001年11月20日根据《建设部关于修改〈地下空间开发利用管理规定〉的决定》修正)，对指导和促进我国城市地下空间的有序开发利用和科学管理起到了非常重要的作用。国内许多大中城市都在积极研究和编制地下空间开发利用规划，并把城市地下空间开发利用规划作为城市总体规划的一个重要组成部分。

通过开展城市地下空间普查，可以了解和掌握地下空间现状，建立地下空间综合信息管理系统及动态维护管理机制，提高地下空间统一规划、合理开发及综合管理水平，为各级政府研究确定地下空间开发利用战略和规划、制定地下空间法制化管理政策提供基础信息，为地下空间综合管理、防灾减灾及地下空间资源的可持续发展服务。

（2）信息管理的主要内容

地下空间普查与信息化工作的主要内容包括如下几方面：

1）针对地下空间建（构）筑物及其主要设施、地质地层环境等进行集中普查，获取基础信息，为地下空间设计与开发利用提供支撑；

2）对地下空间的位置、埋深（高程）、面积、用途等主要普查成果进行汇总，编制地下空间基础设施资源分布状况图，建立地下空间地理信息数据库；

3）搭建地下空间信息平台，实现地下空间数据的统一管理与高效应用，为地下空间规划、设计、开发利用及管理提供科学可靠的技术支撑。

(3) 我国地下空间信息管理的现状

目前，随着城市地下空间开发利用规模与强度的逐渐加大，对地下空间信息的需求也越来越迫切，其详细精准程度将直接关系到地下空间设计成果的科学性与合理性，同时也关系到地下空间开发利用的安全性与可靠性。因此，加强城市地下空间基础信息的获取与利用，成为当前急需开展的重要工作内容。

城市地下空间普遍具有隐蔽性、复杂性、多层分布性等特点，采用传统的二维技术成果管理手段已无法满足日常工作的开展。随着建筑信息模型（BIM）、三维仿真、虚拟现实（VR）、大数据、云计算、人工智能等技术的快速发展，以及计算机软硬件等基础设施的升级换代，目前在地理空间真三维可视化环境下开展地下空间规划设计与管理等工作已具备条件。当前，我国对地下管线信息化研究比较深入，且开展的城市也比较多，在综合地下管线及专业地下管线信息系统建设方面已具备了一定的水平和经验做法，但在地下空间综合信息的管理、展示与应用方面还比较欠缺，目前缺少能够将地质地层、地下管线、地下空间建（构）筑物以及配套附属设施等进行集中管理和应用的信息平台，将来还应该实现地上、地表及地下一体化管理运维的三维可视化平台，集规划、设计、施工、竣工、运维、废弃等全生命周期信息为一体，便于实时动态了解地下空间任何阶段和任意时期内的状态信息，以作出科学、正确、合理的管理决策，这是下一步地下空间信息化发展的重要方向和趋势。

当地下空间建设面对资料记录不全、手工管理数据方式笨拙的旧问题，以及建设向深部发展、深部与浅部一体化设计、人文环境等新问题不断出现的情况下，信息化建设被紧锣密鼓地提到日程上来。城市的发展推动着地下空间的信息化建设，计算机技术及相关领域应用技术的不断进步和完善，使得实现地下空间信息化成为可能。目前世界各国越来越关注地下空间开发利用中逐步实现信息化规划设计、信息化施工、信息化管理乃至一体化设计管理的信息化建设工作。

2. 权属管理

(1) 分层确权与制度

随着生产力的发展，人类对土地的利用从平面走向立体，土地的立法也经历了从“平面”到“立体”的转变。空间权制度，特别是地下空间权制度正在世界各国逐渐建立起来。

各国在肯定传统“基于地皮”的土地所有权制度的同时，都在试图对传统的法理观念做出修正，不同程度地通过立法确认了其他权利人使用地上或地下的权利。虽然各国在法律条文中还没有出现“空间权”“地下空间权”的名词，但现实中已经存在空间权制度，并逐渐完善。

1）空间权及地下空间权的概念

我国尚没有对空间权及地下空间权立法。国内学术界对如何界定空间权及地下空间权概念，持有不同的观点。

以梁慧星为代表的“空间基地使用权”学说认为：“基地使用权，是指在他人所有的土地上建造并所有建筑物或其他附着物而使用他人土地的权利”，而“空间基地使用权，是指在地上或者地下一定的三维闭合空间所设立的基地使用权”，因此，空间基地使用权是基地使用权的一种衍生。

以王利明为代表的“空间利用权”学说认为：“空间利用权，是指对于地上和地下的空间依法进行利用的权利”，“是与土地所有权和使用权联系在一起的概念，它是指公民和法人利用土地地表上下一定范围内的空间，并排斥他人干涉的权利”。

薄燕娜和孟勤国提出“空间使用权”说，认为：“土地上有不为建筑物或其他附着物所必要的空间，可另行设定空间使用权”。

王卫国则直接提出“空间权”概念，他认为：“空间权是对地表之上的空中或地表之下的地中一定范围的空间享有的权利”，“空间权可以进一步分为空中权和地下权”，“空间权依其性质可以分为空间所有权和空间使用权”，“从立法上，将空间使用权划分为空中使用权和地下使用权”。

2007年3月16日第十届全国人民代表大会第五次会议通过了《中华人民共和国物权法》，该法舍弃了原有的土地使用权概念，提出了“建设用地使用权”概念，“建设用地使用权可以在土地的地表、地上或地下分别设立。新设立的建设用地使用权不得损害已设立的用益物权人的权利”。

从上面各学者的观点可以看出，梁慧星和王利明的空间权属是依附于土地权属而衍生出来的一个概念；薄燕娜、孟勤国和王卫国的观点则含有将空间权属脱离土地权属而独立出来的萌芽；《物权法》中则规定了“建设用地使用权”，没有采用“空间权”及“地下空间权”的概念。

因此，应该建立“空间权”和“地下空间权”的法律概念。空间是一种独立的有价值的“第一位资源”，空间权应该是所有权人对空间所享有的权利，这种权利与其他物权并无差别，且空间权与土地权属于两个概念范畴，空间权不应该视为土地权的衍生或扩展。而地下空间权包含于空间权之中，仅代表空间方位的不同。

2）空间使用权及地下空间使用权的性质

我国是以公有制为基础的社会主义国家，空间权理所当然的属于国家，国家可以通过划拨或出让等手段将空间的使用权转让。对于空间使用权的性质，我国学术界也有不同的看法。

梁慧星认为，“空间权并不是一个新的物权种类，而只是对在一定空间所设定的各种物权的一个综合表述”。王利明认为，“空间利用权的概念并不是法律对土地所有人权利的限制的结果，而主要是因为现代社会人们不断开发和利用空间，从而使空间权具有了独立的经济价值，需要空间权成为一项独立的权利”、“空间利用权是一项独立的权利，应当成为物权法体系中的一个物权种类，由物权法做出统一的规定”，“空间利用权作为物权法中的一项权利，可以与土地所有权和使用权发生分离，因而可以成为一项独立物权”，因此，空间权是一项独立的权利，是一种用益物权。

王利明的观点则在相反的方向为我们探索地下空间权属制度提供了新的视角。这种观点认为空间是一种独立的有价值的“第一位资源”，其价值应与土地等“第二位资源”的价值相分离，其权属也应该独立存在，而非其他物权的衍生。因此，“空间使用权”或“地下空间使用权”应该是一种独立的用益物权。

（2）分层管理与运营

由于我国城市土地所有权和使用权分离的实践时间不长，国家对城市地下空间产权问题也没有明确具体的规定，该领域的法律规定一直处于空白。中华人民共和国成立以来，我国的人防工程建设一直是在没有产权认证的情况下进行的，由于人防工程尤其是结合民用建筑修建的防空地下室、地下车库的产权问题引起的社会矛盾和纠纷日益增多，人防工程的产权问题逐渐成为人们关注的焦点。这些问题核心归结到一点，就是怎样确定城市地下空间主管部门，以及在法律上如何进行产权登记。

目前，地上建筑物产权管理模式是，土地管理部门颁发土地使用许可证，房产管理部门颁发房屋产权使用证。而对于地下建筑产权，有种观点认为产权使用证应由人防主管部门颁发，土地使用证仍由土地管理部门颁发。

在“基于空间”的权属划分理念下，应该设立专门的“空间管理部门”，由空间管理部门统一负责空间的划拨与出让，并负责颁发空间使用许可证；房产管理部门颁发地下建筑产权使用证。“空间管理部门”是负责“第一位资源”——空间的确权部门，因而是第一层次管理部门；房产管理部门是负责“第二位资源”——地下建筑物的确权部门，因而是第二层次管理部门。在这个管理体系中，土地管理部门是负责“第二位资源”——土地的确权部门，因而也属于第二层次管理部门。

“空间管理部门”是在“一体化空间分层模型”理念下提出，是与“基于空间”的权属划定方法相适应的。未来城市化进程的加快以及对空间的进一步开发利用，必然需要摒弃“基于地皮”的确权思想，确立“基于空间”的确权理念，这也是生产力发展的必然选择。

3.规划管理

（1）我国地下空间规划管理

我国至今进行了阶段清晰、目标明确的地下空间规划管理的实践，积累了丰富的规划管理工作经验。近年，各城市也在结合本地地下空间规划管理工作的基础上出台了各地方的管理办法。

《城市地下空间开发利用管理规定》（建设部令第58号）已于1997年10月24日经第六次部常务会议通过，自1997年12月1日起施行。《建设部关于修改〈城市地下空间开发利用管理规定〉的决定》（建设部令第108号）已经2001年11月2日建设部第50次常务会议审议通过，并自发布之日起施行。

截至2020年6月，已有多地根据当地实际发展情况出台了相应的规划管理相关条例和地下空间管理办法。地下空间开发利用专项规划主要由城乡规划行政管理部门组织编制，报当地市人民政府批准后实施。从法律意义上对地下空间的立项、规划审批、使用权的出让等部分进行了明确，解决了地下空间开发利用中的规划审批和权属管理不清的问题，保障了地下空间开发主体的正当权益，促进了地下空间的开发利用。对于各地政府，地下空间部分的土地出让金也得到了不同程度的阐述，加强了各地政府对于发展地下空间的重视。各地管理办法对于规划审批的主体进行了说明。例如，《天津市地下空间规划管理条例》面向全市行政范围内的地下空间，对不同行政区的规划审批流程进行了说明；《长沙市城市地下空间规划建设管理办法》则明确了适用对象为市区（城六区）的地下空间规划、建设及监督管理活动。

在各地规划管理办法中，坚持公共利益优先被反复提及。然而在以明确地下空间权属和保障土地出让权益为目的的条例和办法中，如何落实地下空间中的公共利益并未被明确阐述。另外，各地规划管理办法大多沿用地表空间的规划管理方式，对地下空间的住宅、学校、养老等设施进行了明确的限制。

各地规划建设管理办法还对法律法规对国防、人民防空、防灾、文物保护、矿产资源等情形的地下空间开发利用进行了排除，更加明确了其适用范围。

（2）各地地下空间规划管理

1）天津市地下空间规划管理条例

《天津市地下空间规划管理条例》于2008年11月5日经天津市第十五届人民代表大会常务委员会第五次会议通过公布，全文共六章五十五条，自2009年3月1日起施行。

天津是规划管理条例在以下几个地方进行了明确。一是关于地下空间的概念，第二条第二款“本条例所称地下空间，是指本市行政区域内由城市规划控制开发利用的地表以下空间。”，对具体范围进行了确定。二是关于地下连通义务，条例认为，地下空间设施之间的系统性和连通性是合理开发利用地下空间的前提，草案终稿增加了建设单位的地下连通义务。即第四十五条：“地下建设项目涉及连通工程的，建设单位应当履行地下连通义务。”在管理条例中对空间连通进行了表述。

2）杭州市地下空间开发利用管理办法

《杭州市地下空间开发利用管理办法》已经2017年5月12日市人民政府第3次常务会议审议通过，自2017年8月1日起施行。

杭州市地下空间开发利用管理办法明确了地表以下空间，包括结建式地下空间和单建式地下空间的定义。结建式地下空间是指结合地面建筑一并开发建设的地下空间。单建式地下空间是指独立开发建设的地下空间；利用市政道路、公共绿地和公共广场等公共用地实施独立开发建设的地下空间，视为单建式地下空间。并且明确了地下空间管理的权责部门（第七条）。建设行政主管部门负责地下空间开发利用管理综合协调机构的日常工作及地下空间开发利用统筹推进工作，并负责地下空间工程建设的监督管理；城乡规划主管部门负责地下空间开发利用的规划管理；土地行政主管部门负责地下空间开发利用的用地和不动产产权登记管理；房产行政主管部门负责地下空间建（构）筑物交易、物业管理的监督管理；城市管理行政主管部门或者政府指定的单位负责地下公共停车场、城市地下道路、地下综合管廊等地下市政基础设施使用和维护的监督管理；人民防空行政主管部门负责地下空间涉及人民防空事项的监督管理；环境保护主管部门负责地下空间开发利用的环境保护管理；公安机关负责地下空间建设和使用中的治安、消防安全管理；其他有关行政管理部门按照各自职责协同做好地下空间开发利用的相关工作。

该管理办法第二章对规划管理进行了专项阐述，其中第十六条明确了结合地面建筑一并开发利用地下空间的，应当随地面建筑工程一并向城乡规划主管部门申请办理规划许可手续。

杭州市地下空间开发利用管理办法还在用地管理上明确了划拨、招标、拍卖、挂牌的土地使用权出让方式。政府通过划拨供地、协议出让、土地出让金优惠等形式，鼓励地下空间互联互通，鼓励建设单位提供地下公共交通设施、出入口和连通通道等。

3）西宁市城市地下空间规划建设管理办法

《西宁市城市地下空间规划建设管理办法》于2018年10月9日颁布，该办法在解释地下空间建设用地使用权时，提出了“本办法所称地下空间建设用地使用权，是指经依法批准建设，净高度大于2.2m的地下建筑物所占封闭空间及其外围水平投影占地范围的建设用地使用权”。对于空间竖向净高有了明确的说明。

另外，第二章规划管理第十一条：“规划和建设行政主管部门在审批城市地下空间建设工程规划时，应当明确地下建（构）筑物坐落、空间范围、水平投影坐标、起止深度、总层数、竖向高程、水平投影最大面积、建筑面积、用途、公共通道、出入口的位置、地下空间之间的连通要求、物业用房等公共设施用房面积与具体位置等内容。”还对地下空间的三维坐标进行了进一步的说明。

4）长沙市城市地下空间规划建设管理办法

2018年11月长沙市政府出台《长沙市城市地下空间规划建设管理办法》。长沙地下空间规划建设管理强调了公共利益优先、地下与地上相协调的原则，各部门按照各自的职能分工做好地下空间规划建设管理相应工作，鼓励和支持社会资本积极参与地下空间公共工程的建设、使用和管理。

该办法还明确将地下空间分为浅层、中层和深层三类（第八条）。该办法规定，城市地下空间专项规划应当坚持合理分层开发建设的原则，实行竖向分层立体综合开发，横向相关空间互相连通，地面建筑与地下工程协调配合。另外，该办法还规定了长沙将定期组织开展地下空间规划建设信息普查，及时汇总地下空间的位置、面积、用途等数据信息，实行数据信息动态管理，确保信息资源共享。

长沙市城市地下空间规划建设管理办法还在对于结建、单建地下空间表述为附建地下空间和独立地下空间。附建地下空间工程随地面建筑一并办理建设用地规划许可证。

5）昆明市地下空间规划管理规定

《昆明市城市地下空间开发利用管理规定》于2018年10月24日颁布，2019年1月1日实施。明确了地下空间实行分层开发利用，坚持竖向分层立体综合开发和横向有关空间连通开发，优先用于防空防灾设施、基础设施和公共服务设施的建设（第三条）。

管理规定了地下空间实行分层开发利用的同时，还在第二章规划管理中进行了进一步的说明。地下空间规划条件应当明确地下空间的使用性质、建设范围、建设规模、竖向深度利用要求、分层开发控制要求、出入口设置、地下建筑退界、连通通道方位等内容。地下空间分层开发利用的，应当明确共用出入口、通风口和排水口等设施。

4.设计管理

地下空间设计应满足竖向分层、横向连通整合、安全防灾、环境适宜、可持续发展等要求，且使用功能与出入口设计应与地面项目建设相协调。

在设计管理的制度上，应做到以下几点：

（1）明确地下空间建设项目设计应竖向分层、横向连通整合、安全防灾及与地面建筑相协调等设计要求。

在集中开发的区域，涉及地下空间的建设项目设计方案应经集中开发区域的管理机构综合平衡后报有关行政管理部门审批。由集中开发区域的管理机构应对地下空间实施统一规划、整体设计、整合建设；建成的地下空间设施可单独划拨或者出让，也可与地上建设用地使用权一并划拨或者出让。

集中建设片区及相邻地下空间建设项目在功能类型相同或功能互补时，建设单位、地下空间建设用地使用权人或者地上、地表建设用地使用权人应履行地下空间连通义务，优先考虑互联互通，并确保连通工程的实施符合人民防空、消防等专业设计规范要求。

地下空间设计应符合国家环境污染控制相关规定，不仅应保障地下空间设施内部的空气环境、热湿环境、光环境、声环境等质量符合国家有关环境保护和全卫生标准的要求，而且应采取科学有效措施管控地下空间对城市生态环境的负面影响。

（2）强调地下空间建设项目的施工图设计应对周围建筑、市政、人防、综合管廊等设立专门的保护专篇的要求。

具体到施工图上，须包含地面及周边现有建筑物、市政设施、人防工程、古树名木、公共绿地、综合管廊的保护设计专篇。应当依法进行设计审查，并按照经审查通过的施工图设计文件进行施工。

（3）对地下空间建设项目的设计审查和设计变更作出规定。项目施工过程中确需变更设计的，应当由原设计单位进行设计变更，并在项目施工图设计审查合格后按照变更的文件进行项目施工。

第五章　总结与展望

(一)总结

1.关于城市地下空间设计

城市地下空间设计遵循综合利用、整合连通、分层与可实施的总体原则，主要对地下空间的平面、竖向、分项设施系统、安全防灾、环境、改造更新等方面进行建筑、结构、安全、设备设施等方面的深化设计，达到指导相关层面地下空间建设施工与运营管理的目的。

(1)地下空间平面设计

地下空间平面设计主要包括功能分区、衔接连通、各类功能设施的平面协调与整合、地下空间出入口与建筑结构、交通组织、安全防灾、内外景观、设备设施等方面的内容。

(2)地下空间竖向设计

地下空间竖向设计主要包括竖向分层、各类设施的竖向协调与整合、层高与建筑结构、交通组织、安全防灾、内外景观、设备设施等方面的内容。

(3)地下空间连通设计

地下空间连通设计应结合地下空间的分区功能、公共活动组织、交通组织、防灾救援组织、分期建设等方面要求，深化地下公共空间、地下交通衔接换乘空间、地下市政设施系统、地下防灾空间之间的连通与接口预留，并达到建筑与结构方面的要求。

(4)地下空间系统整合设计

地下空间系统整合设计遵循集约节约利用空间资源、节省建设成本的原则，重点对相近结构形态或功能，或要求进行功能转换的不同地下空间设施系统进行整合，重点对地下空间平战及平灾功能转换、地下线性交通设施与市政管廊设施、地下线性交通设施与防灾疏散设施、地下物流设施与地下交通及防灾设施，以及交叉节点的竖向设计等方面进行深化整合设计。

（5）地下空间安全防灾设计

地下空间安全防灾设计包含地下空间内部环境的防灾设计，以及作为防御城市灾害的防灾空间设计，重点为对内部环境的安全防灾设计，主要包括地下空间防火设计、防洪排涝设计、抗震设计等。

（6）地下空间环境设计

地下空间环境设计包括对地下空间内部环境的声、光、热、空气质量等的控制与设计，以及地下空间出露地面的出入口及设备设施与地面环境的协调设计。应符合环境控制相关规范要求，进行合理选型、选材与智能监控设施设计，达到环境舒适度与协调性的要求。

（7）地下空间分期衔接设计

地下空间分期衔接设计遵循可持续发展原则，在地下空间总体统筹规划的指导下，按照连通设计要求，对不同分期实施的地下空间与设施之间进行预留衔接设计，包括通道式连接口预留、墙式连接预留、公共空间连接预留、与建筑整合设计预留等形式。

（8）地下空间设计管控

地下空间设计管控重点对地下空间使用功能、强度、竖向、连通、预留与衔接、分项系统，以及建筑设计要求等进行管控，起到规范设计深度与科学性、指导地下空间建设实施的目的。

2.关于地下空间管理制度

本课题结合我国现有城市地下空间相关发展现状，从地下空间设计与开发利用管理制度相结合的方式入手，深入分析地下空间发展面临的问题，进行了分析和总结。

我国目前的地下空间权属管理方式沿用了地表空间的管理方式，《中华人民共和国物权法》提出的“建设用地使用权”概念，“建设用地使用权可以在土地的地表、地上或地下分别设立。新设立的建设用地使用权不得损害已设立的用益物权人的权利”。各地地下空间管理办法以此为依据，设立了与之对应的地下空间（建设用地）使用权，由国土主管部门进行不动产登记。近年来各地管理办法已经在地下空间的登记中初步确立了分层地下空间使用权制度，通过地下建筑物垂直投影面积、竖向高程确定，登记时应在所附宗地图上注明每一层的层次和垂直投影的起止深度。在使用中，地下空间使用权在不违反地下建筑规定的用途、使用条件的前提下，可依法进行出租、转让和抵押。

然而，在地下空间发展速度和质量提升的同时，相关的问题也逐渐显露。各地下空间开发项目各自为政、缺乏有效的统筹和贯通，从而丧失了地下空间完整连续的优势；地下空间竖向开发缺乏分层规划，难以对中层深层空间资源进行合理利用，从而造成了地下空间竖向维度的浪费；地下空间近期和远期规划衔接不畅，从而阻碍了空间的持续利用；地下空间功能和类型仅为地表的复制，加大了工程投入的同时并未充分体现地下空间的优势和特点。

地下空间开发利用不同于传统的地表空间开发，地下空间连续贯通、具有竖向空间结构、物理环境较为稳定的特点，都为解决我国城市发展遇到的瓶颈问题提供了多样的可能性。同时，地下空间开发投入大、回收周期长、工程不可逆等特点，也使各城市地下空间开发利用滞后于地表开发，提供了后发优势。在地下空间即将大规模开发利用的当下，如何有效的扬长避短，充分体现地下空间在解决城市发展问题中的优势，成了每个城市目前面对的急迫问题。当下的城市地下空间开发大多局限于单体建筑项目结建地下空间容积率指标，使得地下空间成了传统地表建筑空间的重复和复制。而整合地下空间资源，最大限度地实现地下空间的优势，就需要通过上位的设计方法及其管理制度，协调各个地下空间项目的关系，协调不同深度地下空间项目的关系，协调远期发展与近期开发的关系，确保地下空间发展规划得以有效实施，实现地下空间的科学、高效、可持续发展。

我国地下空间开发利用整体呈现出跨越式、综合化发展的态势。相应存在的主要问题有：①重地下规划，缺与其他规划的衔接；②重规划编制，缺实施管理；③重开发建设，缺环境保护；④相关政策法规与技术标准建设跟不上发展需要。

在设计管理的制度上，应：①明确地下空间建设项目设计应竖向分层、横向连通整合、安全防灾及与地面建筑相协调等设计要求；②强调地下空间建设项目的施工图设计应对周围建筑、市政、人防、综合管廊等设立专门的保护专篇的要求；③对地下空间建设项目的设计审查和设计变更作出了规定；④建立和健全相关政策法规与技术标准。

（二）展望与建议

1. 关于地下空间设计创新

（1）建立三维化城市规划设计体系、杜绝地下空间规划与实施“两层皮”

结合新型国土空间规划要求，传统城市规划体系应进行三维化革新调整，将地上空间与地下空间作为整体来统筹规划与设计，在城市上下功能、布局、造型、防灾、景观等各个方面，充分发挥地上地下空间各自的优势，综合考虑，实现地上地下空间一体化。

（2）建立规划技术革新，更新设计方法

GIS、BIM、大数据与云计算等空间与数据分析方法的革新，将大幅度提升传统设计在调研与分析计算方面的科学性。如近年进行的地下空间资源三维化评价、地下空间仿真模拟交通组织设计、地下空间三维动态可视化数据库设计管理平台等，应积极引入计算机量化分析手段，与时俱进，不断更新地下空间设计方法。

（3）结合材料技术与建设技术的革新，更新设计方法

应积极结合建设材料与建设技术的不断进步，更新地下空间设计方法，实现经济技术高效安全并降低成本的目的，如近年研发的钢制管廊技术、既有地下空间改造与加层扩容技术、既有地下空间再连通技术、既有地下桩基穿越技术、地下空间近距离施工技术等，这些材料与建设技术的进步，将对传统设计方法带来突破，应不断学习与引入先进技术，不断优化与提升地下空间设计方法。

（4）加强地下空间系统之间的“多规合一”

地下空间多功能设施系统的整合设计是地下空间资源集约节约利用的必然趋势，结合近年来广泛推广的综合管廊设施，强化综合管廊设施与地下轨道交通、地下道路交通、地下防灾设施、海绵城市建设等方面的整合规划设计，对合理可持续利用道路下地下空间资源具有重要意义。此外，还应加强地下交通、市政公用与防灾设施之间的多规合一，充分促进地下空间的集约可持续发展。

2. 关于管理制度创新升级

（1）法律法规

1）加快制定《城市地下空间开发利用管理办法》

我国现有《城市地下空间开发利用管理规定》指导了我国城市地下空间的

规划、工程建设、工程管理的进行，各地在此基础上纷纷制定了当地的“城市地下空间开发利用管理办法”，进行了有益的实践探索，积累了宝贵的经验，也在规划管理、权属制度管理、信息管理等方面取得了一些进步。为进一步完善和改革我国城市地下空间开发利用管理制度，建议由住房和城乡建设领域主管部门联合自然资源部组织有关立法专家，对我国城市地下空间管理制度及立法进行专题研究、科学评估、专门立法，尽快起草我国上位《城市地下空间开发利用管理办法》，在此基础上，加快促进我国地下空间相关立法。

专项立法有助于在国家层面对于地下空间的开发利用原则、分层利用制度、空间权属管理方式、权属登记和交易的方式以及地下空间空间权与国防、人民防空、防灾、文物保护、矿产资源相关法律的关系，对《民法典》“第二编　物权”中建设空间使用权进行细化的阐述。引导建立国家层面的地下空间分层利用和管理体系。专项立法的研究颁布，既是对地下空间多年来实践探索的总结，也是对地下空间权属出让开发的开创，对于在新形势下指导全国的土地空间利用和长期国土空间规划有着不可或缺的作用。

2）尽快出台城市地下空间产权交易登记管理办法

我国目前的城市地下空间开发利用在各地基本遵循地表的建设用地使用权制度，而在实际应用中又普遍存在着与地表标的物区别存在，而产生出租、转让、抵押不便的情况。出于地下空间的特殊性和公益性，各地管理办法都明确了项目不得在竣工验收前进行租售，对于开发主体进行了更加明确的限制。因而，建立国家层面的地下空间产权交易登记管理办法，填补地下空间权属登记方面的制度空白，对于地下空间分层利用的落地实施，地下工程项目资金保障具有充分的意义。

针对权属登记和交易，建议尽快研究出台《城市地下空间产权交易登记管理办法》，在国家层面明确城市地下空间登记、转让和抵押登记的条件，明确操作步骤和相关流程，保障城市地下空间建设工作顺利开展。

（2）组织机构

1）依据城市核心区地下空间规划设立地下空间管理委员会

与地表空间相比，城市地下空间开发利用的最大难度在于涉及部门和权利主体众多，限制了地下空间的综合发展，尤其是地下空间贯通和竖向分层的集约化利用。在城市核心区，处理好不同权利主体的关系，形成跨部门的综合协调保障机构，对于降低运营成本，促进地下空间开发有着直接而显著的作用。

建议参照日本地下街管理委员会，在城市核心区地下空间开发区域设立地下空间管理委员会。管理委员会统筹协调该区域各地下空间的连通、运营、租售、维护，形成跨部门的综合管理机构，由各地下空间权利主体参与形成，加强区域影响力和应急保障能力，

2）设立城市停车管理委员会

“停车难”问题持续至今，已经不仅仅是停车位的资源化可以解决的。城市核心区高昂的地价与持续攀升的停车位需求成为难以调和的矛盾，而停车设施投入高、资金回收周期长，远非停车位市场化可以解决的问题。地下空间的开发利用更是加深了这一矛盾：地下空间环境特性适宜开发利用为停车空间，但建设和运营成本也更加高昂。依靠各开发主体配建车位指标难以真正服务于区域交通，造成资源的浪费。

建议在城市核心区设立停车管理委员会，与城市地面交通联动规划和运营管理，将停车资源作为重要的城市基础设施进行统筹管理。在地下空间规划建设时，停车管理委员会作为城市交通部门参与区域停车位的规划、设置和运营管理，打通停车位在不同开发单位相互隔离的壁垒，同时为后期智慧城市和自动驾驶建立基础，作为物联网的数字终端。

同时，可以考虑在大中城市试点推广停车资源社会化管理模式，探索道路、停车合一的交通资源保障体系，仿照日本《车库法》出台相应的与停车位相关联的机动车管理制度，减轻城市交通拥堵，实现停车资源的合理供给。

（3）标准规范

1）制定城市地下空间勘察测量技术导则与标准

与地表空间相比，城市地下空间难以做到确权的重要问题在于勘察和测量。勘察测量标准的缺失造成了地下空间和城市综合管廊开发管理的困境。随着我国城市开发和勘测技术不断发展，制定服务于地下空间科学合理开发的勘察测量标准的条件日臻成熟。目前我国各地城市地下空间规划建设管理办法对于地下空间权属登记进行了三维指标的划定，然而鉴于地质条件的复杂特点，建立全国同一标准下的与勘察测量相协调的立体空间表示机制，显得尤为急迫和重要。

建议行业和领域专家针对该领域进一步开展研究，制定服务于城市地下空间开发管理的勘察测量技术导则和标准，使地下空间具备同地表“四至”相对应的“立体坐标”权利规范基础，解决城市地下综合管廊发展中定位不明、权

属不清、各地方方位表明标准不统一的问题。为后续地下空间权利范围确定提供国家性的权威统一的科学依据。

发达国家对地上的权利范围也早有立体化界定的样例。通过权属登记勘测定位，将立体坐标登记系统作为新的权利规范基础，并以此推进地上空间权属登记的立体化进程。最终实现地上、地下均采用立体坐标规范权利的登记系统，进一步明确地上空间的权属范围。

2）制定城市地下空间竖向设计方法与技术导则

城市地下空间开发利用需要进行精细的竖向设计。对于地下空间的分层开发、竖向设计以及平面布局进行严格的规定，促进地下空间合理布局。建议各地组织技术力量制定《地下空间竖向设计方法与技术导则》，为城市地下空间的分层利用提供技术支持。

3）制定城市地下空间性能评定和资产评估制度与标准

单建地下空间难以吸引金融资本的另一瓶颈是地下空间估价体系缺失。目前，城市地下空间工程资产的量化仅通过建设成本和周边地表工程估价标准来推算，这对于项目投资大、使用周期长、功能性集中的地下空间工程来说难以反映其真实价值，不利于鼓励开发建设单位高标准设计和建设适应城市长期发展的高品质地下空间，违背了城市地下空间开发利用的初衷。

建议借鉴地表建筑性能评定制度和资产评估模式，制定适用于城市地下空间工程的性能评定、资产评估的制度与标准。城市地下空间性能评定体系的形成有利于科学评价地下空间的各项指标，对其使用性能进行量化，进而依据综合效益指标科学合理地指导城市地下空间的建设。城市地下空间工程资产评估体系的建立有利于建立地下空间工程和金融项目的直接联系，从源头导入“活水”，为城市地下空间综合利用的发展提供助力。

（4）人防发展

1）建立城市人防规划与地下空间专项规划相联动的机制

目前，我国人防规划虽然完善，但存在细节不足，脱离对城市建设指导的实际项目等问题，导致难以形成完整人防体系。同时各地地下专项规划方案没有统一的把控和指导，缺乏与当地人防规划的有机统一，出现了人防规划不落地，落地规划不完善的情况。

由此建议紧密联系城市人防规划和地下空间专项规划，建立城市人防规划与地下空间专项空间联动机制，将人防利用作为地下空间和城市地下空间综合利用发展的重要推动力，加强平战结合，促进建筑产业和金融产业合力的形成。

2）提高现代人防工程的标准，建立战时多样化的地下空间功能体系

人防工程缺乏实施层面的统筹规划。各地人防工程根据其建设要求的特殊性，其修建方式和规模往往跟随地面建筑物的规划条件产生变化。难以在城市人防系统中形成自上而下的完整体系。应在控制性详细规划层面对各地块人防要求进行相应的说明，探索区域带人防条件出让，保证人防工程成体系、有把控、能使用。避免具体项目人防工程建设随意性大、缺乏统筹的情况发生。

人防工程标准的修订总会滞后现代战争技术水平的进步。应依据战争方式和战争技术手段的变化更新和制定相应的人防工程的使用方案，在不断提高现有人防工程标准的同时，加强人防应用体系建设，以符合现代战争要求。在开发层次上应在60～80m的基础上再提高预留深度。在规划上应明确在怎样的范围内设置相应规模的现代人防工程。在技术上应对重点部位的人防规划提高相应现代人防工程要求。在功能上应兼顾疏散与掩蔽、地下生产、地下物资储备、地下医院等。设施配备上应兼顾水、电、通风、通信、粮食储备等各项需求，指挥系统和应急防灾系统应独立设置和双路供电。

目前各地的城市地下空间规划管理办法，大多从建筑适用性和消防的角度明确禁止和限制了居住、养老、学校、劳动密集型工业设施等类型功能的地下空间规划。但是，在适应现代战争的前提下，以平战结合为原则的战时空间转化对于人类长期生存的人防空间具有重要意义。在重要的人防区域，应当结合该地城市地下空间规划设置可供战时人员生活和基本物资生产的空间，加强军民融合的地下居住、生产空间和设施的研究和设置，加强人防工程在中长期进行人员组织和安置的作用，打造现实中的“地下城”。

（5）运营模式

运营模式是影响城市地下空间统筹利用与持续发展的关键问题，由于地下空间建设投入大、盈利较少，吸引外资与商业性投资都比较困难，因此我国目前的地下空间建设依然主要依靠政府融资和商业地产容积率优势。城市地下空间统筹发展和系统性开发的推进，给政府带来了很大的财政压力，仅依靠政府土地出让和容积率奖励方式无法建设满足城市长期发展的综合性地下空间网络，于是一些城市在地下空间市场化开发进行了一些尝试。但是由于地下空间的特殊性和缺乏配套的理论体系与完善的管理体制，传统的地面开发模式并未

被打破，于是表现出了地下开发“各自为政”、空间使用效率低下，为此提出以下建议。

1）建立地下空间权属登记交易平台

以地下综合管廊为代表的地下空间专项开发利用在权属登记等方面的制度也尚属空白，国家对城市地下空间产权问题也尚未有明确规定。为更好地推进地下空间工程在全国范围内的建设，吸引社会力量广泛参与，加强城市地下空间法律和制度建设势在必行，产权明晰问题亟待解决，适应城市地下综合管廊发展要求建立的权属管理制度已成为一项迫在眉睫的现实任务。针对权属登记和交易建议如下。

建立全国城市地下综合管廊、地下专项设施建设交易管理系统平台，及时保障地下空间权属交易安全，提高服务水平和办事效率，为国家决策管理提供基础数据。人防工程及其他涉密工程不纳入该平台。

2）创建公私合营的运营模式

建议在运营管理上借鉴发达国家经验，创建公私合营的运营模式，设立公私合营的专门管理机构，加强公私合营风险管理。从而减轻城市运营压力，发挥社会主义公有制优势的同时，依靠市场机制的作用提高地下空间体系的服务质量与服务效率。

地下空间兼具“谁开发、谁受益”的市场属性，同时也具有密切关系着公民日常生产生活的公益属性。因此设立与之相对应的公私合营的运营模式就成为了解决单独开发难以形成规模效益的思路。建议设立公私合营的专门管理机构。与上述（2）中的重点地区地下空间管理委员会相协调，加强地下空间规划在运营管理阶段的落实。同时，我国应该注意到采用公私合营模式的风险。建议加强公私合营的风险管理。注重私营机构自由投资占比，推动市场参与者的竞争性；并将其成本回收和收益与项目的实际收益挂钩，激励私营机构积极运营。将公私合营的风险控制在适当范围内。

地下空间发展任重而道远，期待行业和社会各界共同努力，不断完善地下空间设计体系，提高我国城市地下空间开发利用管理水平，将地下空间发展推向新的高度。

参考文献

[1] 中国工程院课题组.中国城市地下空间开发利用研究（1～4）[M].北京：中国建筑工业出版社，2001.

[2] 束昱.地下空间资源的开发与利用[M].上海：同济大学出版社，2002.

[3] 陈志龙，刘宏.城市地下空间总体规划[M].南京：东南大学出版社，2011.

[4] 小泉淳.地下空间开发利用[M].胡连荣，北京：中国建筑工业出版社，2012.

[5] 叶飞，夏永旭，徐帮树.地下空间利用概论[M].北京：人民交通出版社股份有限公司，2014.

[6] 刘曙光，陈锋，钟桂辉.城市地下空间防洪与安全[M].上海：同济大学出版社，2014.

[7] 束昱，彭芳乐，王璇等.中国城市地下空间规划的研究与实践[J].地下空间与工程学报，2006（12）.

[8] 龚建华，张金水，束昱.上海市城市地下空间开发利用战略研究[J].城市管理，2005（2）：33-38.

[9] 王海阔，吴涛，尹峰等.城市地下连通工程建设模式与效益分析[J].地下空间与工程学报，2006，2（7）：1231-1235.

[10] 刘晶晶，周晓路，邓骥中.城市地下空间规划编制方法初探[J].江苏城市规划，2007（7）：8-12.

[11] 张志敏，练芹珠.城市地下交通系统规划研究[J].青岛理工大学学报，2007，28（5）：86-89.

[12] 李鹏.面向生态城市的地下空间规划与设计研究及实践[D].同济大学，

2007.9.

[13] 李传斌.城市地下空间开发利用规划编制方法的探索——以青岛为例[J].现代城市研究，2008(3)：19-29.

[14] 杨进，蔡晓禹.城市地下空间开发与地下交通系统——重庆解放碑CAD地下交通系统[J].城市道桥与防洪，2009(7)：4-7.

[15] 束昱，路姗，朱黎明等.我国城市地下空间法制化建设的进程与展望[J].现代城市研究，2009(8)：7-18.

[16] 束昱，路姗."低碳城市"与地下空间开发利用战略》[J].轨道交通，2010(4)：16-17.

[17] 金英红，刘皆谊，路姗等.大城市中心区地下空间的规划设计实践探索[J].价值工程，2010：10.

[18] 孙钧.面向低碳经济城市地下空间/轨交地铁的节能减排与环保问题[J].隧道建设，2011，31(6)：643-647.

[19] 曹旋.城市地下空间开发中相互连通技术的研究[D].广州大学，2012.5.

[20] 刘刚，蔡鹏等.地下空间在节能减排中的应用及展望[J].环境科学与技术，2012，35(61)：194-197.

[21] 王印鹏，彭芳乐.地下建筑的生态化评价体系初探[J].地下空间与工程学报，2012，8(21)：1369-1375.

[22] 吴雪佳，于林金.试论城市地下空间消防[J].消防科学与技术，2007，26(2)：165-169.

[23] 李春，束昱.城市地下空间竖向规划的理论与方法研究[J].现代隧道技术，2006，增刊：28-32.

[24] 陈志龙，柯佳，郭东军.城市道路地下空间竖向规划探析[J].地下空间与工程学报，2009，5(3)：425-428.

[25] 陈志龙，诸民.城市地下步行系统平面布局模式探讨[J].地下空间与工程学报，2007，3(3)：392-401.

[26] 吴祖军，张志卿.浅谈城市地下空间的景观设计[J].科技风，2011(18)：25.

[27] 刘莉.浅谈城市地下空间中的景观营造[J].福建建筑，2011(5)：24-26.

[28] 杨艳红，陆伟伟，王丽洁.城市地下空间景观环境设计研究[J].河北工

业大学学报，2010，2（1）：91-96.

[29] 王丽薇.法国城市建设管理经验与启示[J].人民论坛，2015（5）：251-253.

[30] 卓健，刘玉民.法国城市规划的地方分权——1919—2000年法国城市规划体系发展演变综述[J].国际城市规划，2009，24（S1）：246-255.

[31] 刘健.法国城市规划管理体制概况[J].国外城市规划，2004（5）：1-5.

[32] 仇保兴，戴永宁，高红.法国城市规划与可持续发展的分析与借鉴[J].国外城市规划，2006（3）：1-5.

[33] 李勇.中国城市建设管理发展研究[D].东北师范大学，2007.

[34] 苏腾.《北京市城市规划条例》比较、分析和建议[D].清华大学，2004.

[35] 蔡玉梅，肖宇，高延利.芬兰空间规划体系的演变及启示[J].中国土地，2017（9）：45-47.

[36] 高中岗.瑞士的空间规划管理制度及其对我国的启示[J].国际城市规划，2009，24（2）：84-92.

[37] 唐子来，朱弋宇.西班牙城市规划中的设计控制[J].城市规划，2003（10）：72-74.